室内环境中

家用纺织品色彩与图案设计新论

张平青　周天胜　王洋　著

中国纺织出版社

内容提要

“大家纺”格局和“软装饰”文化的创新打造为室内环境中家用纺织品设计带来了前所未有的空间，家用纺织品通过其色彩、图案的创新设计对室内环境的气氛、格调、意境等都能起到很大的美化作用，它是赋予室内环境空间生机与精神价值的重要元素。本书具体内容包括绪论、家用纺织品色彩设计应用与创新、家用纺织品图案设计应用与创新、家用纺织品在室内环境中的协调与创新四部分。本书思路清晰，重点突出，内容详略得当，深入浅出，联系实际，希望会对广大家用纺织品设计与学习人员从色彩与图案的视角带来更新颖的创意设计。

图书在版编目（CIP）数据

室内环境中家用纺织品色彩与图案设计新论 / 张平青，周天胜，王洋著. — 北京 ：中国纺织出版社，2018.6

ISBN 978-7-5180-2351-6

Ⅰ. ①室… Ⅱ. ①张… ②周… ③王… Ⅲ. ①纺织品—色彩—设计②纺织品—图案设计 Ⅳ. ①TS105.1 ②TS194.1

中国版本图书馆 CIP 数据核字(2016)第 024567 号

责任编辑：武洋洋　　责任印制：储志伟

中国纺织出版社出版发行

地址：北京市朝阳区百子湾东里 A407 号楼　邮政编码：100124

销售电话：010-67004422　传真：010-87155801

http://www.c-textilep.com

E-mail:faxing@e-textilep.com

中国纺织出版社天猫旗舰店

官方微博 http://www.weibo.com/2119887771

北京京华虎彩印刷有限公司　各地新华书店经销

2018 年 6 月第 1 版第 1 次印刷

开本：710×1000　1/16　印张：16

字数：287 千字　定价：72.00 元

作者简介

张平青，男，1981年8月生，副教授，硕士研究生学历，国家职业技能鉴定考评员，现任烟台南山学院艺术设计系主任，党支部书记。任职以来出版学术专著2部，合著《感受经典系列丛书》2部，编译著作1部，参编教材2部；在专业期刊发表学术论文16篇，其中被CPCI-SSH收录3篇；科研成果获得山东省一等奖2项、二等奖2项，烟台市一等奖1项；设计作品获得国家级奖励3项，省级奖励5项；承担山东省级课题4项，烟台市级课题3项，校级课题3项，横向课题4项；主讲《设计概论》、《图案基础》、《图形创意》、《设计色彩》、《室内陈设》等课程。

周天胜，男，1970年6月生，讲师、工程师，山东龙口人。现任烟台南山学院纺织系执行主任，1995年青岛大学纺织工程专业毕业，2009年获得青岛大学材料学工学硕士学位。2004年以来一直从事教育教学工作，先后承担金工实习、纺织材料学、纺织品设计、毛织工艺设计与质量控制等课程的教学工作，2008年获烟台南山学院"优秀教师"荣誉称号，2012年获烟台南山学院"优秀党员"荣誉称号。发表论文数篇，参编教材2部，参与教改项目3项，获校级教学成果二等奖2项，参与科研项目2项，主持精品课程1门。

王洋，女，1981年6月生，副教授，硕士研究生学历，中国高校美术家协会理事，中国设计师协会会员，现任烟台南山学院艺术设计系教研室主任；近年主持山东省社会科学规划课题1项，山东省教育厅科研计划项目1项，山东省青年教师教育教学研究课题2项，烟台市社会科学规划项目1项，校级课题2项；出版学术专著1部，参编规划教材4部；在省级以上期刊发表学术论文11篇，被CPCI-SSH收录2篇；科研成果获得山东省教育厅艺术教育科研论文二等奖1项，山东省民办教育优秀科研成果奖一等奖1项，山东省教育科学研究优秀成果二等奖1项、三等奖1项；在国家级设计竞赛中获奖5项，山东省级技能竞赛中获奖11项，指导学生获得国家级、省级奖励30余个，并荣获"优秀指导教师"称号，主讲《居住空间设计》、《家居布艺设计》、《室内装饰与陈设》等课程。

前言

我国的纺织业历经了千百年的发展，有着非常悠久的历史传统，纺织业伴随着男耕女织的习俗，发展得越来越完善，也孕育出了璀璨的丝绸文化，至今丝绸文化依旧在世界范围内散发着巨大的能量，我国传统纺织品在各个方面同样显示出了不可低估的文化底蕴。纺织业发展到今天，“大家纺”格局和“软装饰”文化的创新打造，加速了现代家用纺织品产业的形成和完善，细分门类日渐齐全，产品种类大为丰富。与此同时，家用纺织品自主品牌的产品属性也在发生变化，从最初强调单一的实用性转向融合功能、时尚和健康等元素的更为丰富、多元的特征。

我国家用纺织品市场已连续五年保持20%以上的增长速度，基于经济增长、分配制度改革带来的消费升级，城镇化加速和旅游市场扩大及与成熟市场人均家用纺织品消费水平和家用纺织品市场总容量对比，国内家用纺织品市场的扩容潜力在10倍以上，未来5年将维持20%～25%以上的强劲增长，同时也应该意识到我国家用纺织品产业面临一系列发展问题所带来的挑战。相对于家用纺织品行业和市场的快速发展，在现代家用纺织品的设计领域，我国设计师在这一方面却稍显稚嫩，而且行业中更多是处在加工这样的技术含量不高的层面，高端家用纺织品均来自于国外，彰显的也多是国外的纺织文化，这与我国辉煌的纺织文化是极为不相称的，家用纺织品的核心竞争力是软实力，说到底，这个软实力就是设计创新能力。

近年来，随着我国家用纺织品行业的迅猛发展，家用纺织品已经成为现代大众生活当中是不可或缺的产品，在纺织品总量当中也占有越来越重要的比重。家用纺织品消费也逐渐成为人们日常生活消费中的重要部分，在家用纺织品的消费过程中，纺织品的色彩与图案作为第一视觉语言，已经成为左右消费者购买决定因素，广大的家用纺织品制造企业也已经意识到纺织品色彩与图案潜藏的巨大商机和可观的经济价值，开始逐步加大纺织品的色彩与图案开发研究，寻求色彩与图案的自主创新设计，以发展和树立企业自己的品牌形象。在现代室内环境装饰中，家用纺织品具有特殊的语言与魅力，它通过纺织品的色彩、图案、肌理等要素对室内的气氛、格调、意境等都能起到很大的美化作用，它是赋予室内空间生机与精神价值的重要元素，与室内环境整体设计是一种相辅相成的关系，对室内环境设计的成功与否有着重要的意义。

基于此，对室内环境中纺织品的核心要素——色彩与图案设计的应用与创新进行深入研究是非常必要的。通过此项研究，会对广大家用纺织品设计师从色彩与图案的视角带来更新颖的室内环境纺织品创意设计，推动我国家用纺织品行业的发展，从而巩固我国纺织大国的地位。

本书共包括4章内容。其中，第1章为绪论，对家用纺织品概念、构成进行概述，阐明室内环境中家用纺织品色彩与图案设计的重要性；第2章主要对家用纺织品色彩设计进行研究，重点研究家用纺织品色彩美学、色彩配置以及流行色的应用与创新；第3章是家用纺织品图案设计研究，重点研究在传统文化与时尚文化之间如何进行家用纺织品图案设计以及中国传统图案传承与创新问题；第4章对家用纺织品在室内环境中的协调与创新问题进行研究，并提出了现代家用纺织品设计的发展趋势。

本书的研究工作得到了烟台南山学院纺织工程省级优势特色专业的资助，以及其他横向研究课题的支撑，特向支持和关心此研究工作的单位和个人表示衷心的感谢，同时也要感谢中国纺织出版社同仁对本书出版付出的辛勤劳动。同时，书中有部分内容参考了有关单位或个人的研究成果等文献资料，在写作过程中已尽量标明出处，但难免挂一漏万，在此一并致谢！对于本书的撰写笔者已尽心为之，由于时间和作者水平所限，虽几经改稿，书中难免存在疏漏之处，望广大专家学者海涵，并积极予以批评指正！

著者

2018年2月于南山

目　录

第一章　绪论

现代家用纺织品承载着社会文化内在与外在的相关因素，反映着特定时空下人们的生活方式、价值观念和文化心理等不同层面的内容。同时，室内环境中家用纺织品设计也为人们的物质产品选择、审美心理和审美文化的形成提供了物质前提。

第一节　家用纺织品概论

家用纺织品在纺织产品大家庭中是重要的一员，在19—20世纪中叶，家用纺织品在纺织品大家庭当中的地位还没有如此重要，只是纺织品的一个复制行业。但随着时代的发展，20世纪下半叶开始家用纺织品在纺织品大家庭当中的地位凸显出来，发展的速度超过了几乎所有其他的纺织品。欧洲等发达国家是家用纺织品发展最好的地方，在这些地方家用纺织品在生活中已经变得不可或缺，在使用量上占到所有纺织产品的三分之一以上。

进入21世纪，我国正式确定了家用纺织品行业，使家用纺织品行业正式成为纺织行业的一员，这是有史以来第一次对家用纺织品在整个纺织行业中的显著位置的一种认可。中国加入WTO以后，它在成功地汲取服装行业经验的基础上，站在服装巨人的肩膀上，以高屋建瓴之态，从图案与色彩、品牌与创新、文化内涵、生态环保、功能及外延内联等方面打开市场突破口，在纺织品市场上独领风骚。其发展势头之快、花色品种之多、生产技术手段之先进、产品科技含量之高令人振奋。它满足了人们思想、生活情感的追求，反映了新形势下社会人的文化内涵，注入了人们丰富而舒适的生活体验。但家用纺织品在成为消费热点的同时，在知识产权、产品更新、生产加工技术、扩大市场份额等方面又是企业竞争力的焦点，是纺织业可持续发展的重要战略之一，也是国际化资源与经济竞争不容忽视的一面。

目前，我国家用纺织品消费量占整个纺织品消费量的比例与国际上发达国家相比，还有一定距离，在全球经济一体化、信息化的今天，我国家用纺织品在产量、质量、花色品种、特种功能、产品应用、市场开发等方面都将以更好、更快之势迅猛发展。

一、 家用纺织品的内涵

家用纺织品从古至今在我国拥有相当悠久的历史，在古代甲骨文中就已经有了关于织物的相关记载，家用纺织产品原指装饰织物，简称为家纺产品，与产业用纺织品和服用纺织品共同构成了纺织业中的三大支柱产业。

从广义方面讲，家纺产品的范畴已不仅仅指居住家庭使用的纺织品，它已覆盖了整个室内空间诸如酒店、家居、餐饮业等众多行业。随着消费者生活水平和生活质量的提高，对环境装饰、崇尚个性化、追逐时尚的室内空间环境越来越重视，对家用纺织产品功能性要求不断提高、对科技化与时尚化的要求也在日益增强，作为一种表达个性思想和生活情趣的信息载体，家纺产品已演变形成了独特的家纺文化。

家用纺织品广泛地运用于室内空间环境的装饰，在家用纺织品的设计中要充分地体现出纺织品在色彩、图案、材质、结构等方面的美，并且在设计的同时还要考虑到使用中是否实用、外观上是否美观、消费上是否经济、风格上是否与室内环境谐调等原则，同时也要考虑到能否满足消费者的审美情趣，因此在设计家用纺织品的创作中需要设计师认真考虑这些不可忽视的问题。

二、 家用纺织品的类别

20世纪，家用纺织品的主要作用就是用在家庭装饰的方面上，因此也被称为装饰用纺织品，随着社会的发展，进入21世纪以来，伴随着人们生活品质的提高，家用纺织品对于艺术、时尚、功能与整体性等方面的要求也变得越来越高，并且要求将这些特性结合起来，所以在分类方法上来讲范围更加广泛，其作用不单单仅限于装饰，除了装饰作用外，在功能性和文化内涵上也有着更高的要求。

（一） 按纺织品原料分类

1. 天然纤维类

有棉制品、毛制品、麻制品、蚕丝制品等。如图1-1所示为棉类家用纺织品，图1-2所示为丝绸类家用纺织品。

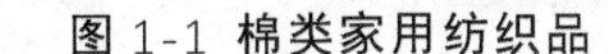

图 1-1 棉类家用纺织品

图 1-2 丝绸类家用纺织品

2. 化学纤维类

有粘胶纤维制品、铜氨纤维制品、醋酯纤维制品、竹纤维制品、大豆纤维制品、玉米纤维制品、涤纶制品、锦纶制品、腈纶制品、维纶制品等。

图 1-3 化学纤维类家用纺织品

3. 混纺或混捻纤维类

有涤/棉制品、涤/粘制品、丝/棉制品、维/棉制品、蚕丝/粘纤、涤/腈/粘制品、涤/锦/粘制品、棉/麻制品等。

4. 皮革与皮草类

主要由皮革或皮草制造的家用纺织品，如图 1-4 所示即为皮草类家用纺织品。

图 1-4 皮草类家用纺织品

5. 草藤类

主要由草藤编结的各种家用纺织品,如图 1-5 所示。

图 1-5 草藤类家用纺织品

(二) 按纺织品生产加工及形成特点分类

1. 平素类

平素类是机织物中包括原组织、变化组织或联合组织等形成纺织品，这类纺织品的特点是表面素洁，往往还存在一些较小的几何花纹。针织物中，是指由原组织、变化组织形成的表面素洁的针织制品。

2. 提花类

提花类纺织品通常由小提花或大提花工艺织制而成小提花是利用多臂织机，通过两种或两种以上织物组织的变化，在织物表面形成各种小花纹。花纹类型有线型、条格型、散点花纹型等。大提花必须采用提花织机开口机构织造，形成具有丰富图案的织物，如山水、花卉、人物、飞禽走兽和各种文字等。

3. 印花类

是以印花工艺而得到的、表面具有各种花纹效果的产品。如图 1-6 所示。

图 1-6 印花类家用纺织品

4. 烂花印花类

烂花织物的主要特点是具有透明、凹凸的花纹，烂花部分近似绢筛网，凸花部分近似料花丝绒，因此，它具有花型新颖、轻薄透明、花纹突出、轮廓清晰、手感滑爽的外观特征，类似于工艺美术品，主要用作装饰用布，如星级宾馆、高级饭店、贵宾接待室、飞机、火车、轮船以及居室装饰等用的台布、窗帘、座套、床罩、枕套以及夏季服装、手帕等。

图 1-7 织印和烂印结合类的家用纺织

5. 刺绣、抽纱、绗缝类

根据图案的设计，运用刺绣、抽纱、绗缝的手法在织物表面附上花纹图案的家用纺织品就是这一类型。

图 1-8 刺绣家用纺织品

（三）按照纺织品用途分类

1. 寝具用品类

（1）被褥类：各种季节所适用的被褥或功能性被褥等。
（2）枕垫类：枕垫类包括睡枕、抱枕、靠垫、坐垫等。
（3）毯类：各种材质的毯子以及毛巾被等。
（4）罩单类：床罩、床单、被套、枕套、枕巾等。

图 1-9 寝具用品类

（5）帐类：包括帐篷或蚊帐等。

2. 窗帘帷幔类

（1）帘类：各种用途的窗帘、遮光帘、百叶窗等。

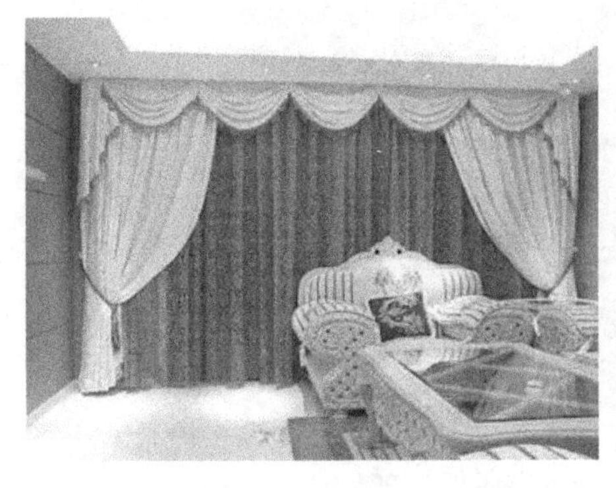

图 1-10 窗帘

图 1-11 帷幔

（2）幕类：门帘、帷幔、幕布、屏风等。

3. 卫生盥洗类

（1）洗巾类：各种用途的洗浴用巾，如毛巾、澡巾等。
（2）洗浴类：包括浴帘，浴衣以及卫生洁具的套、垫等。

图 1-12　卫生盥洗类家用纺织品

4. 餐厨杂饰类

（1）餐用类：包括餐巾、茶巾以及餐具的隔热垫和桌布等等。

图 1-13　餐厨杂饰类家用纺织品

（2）厨用类：围裙、清洁布、微波炉手套等。

5. 家具覆盖类

（1）覆盖类：沙发布、家具的布料装饰、电器用的垫套、桌椅套/罩等。

图 1-14　家具覆盖类家用纺织品

（2）陈设类：各种工艺制品、艺术品等。

6. 地面铺设类

地面铺设类的家用纺织品主要包括各种地毯、脚垫、垫布等等。图 1-15 所示为地面铺设类。

图 1-15　地面铺设类家用纺织品

7. 墙面铺设类

包括贴墙布、壁挂、开关饰物、布艺玩具等。

8. 酒店配套类

包括酒店里的各种软装饰物件及服务人员的衣着配饰等。

（四） 按照纺织品名称分类

（1）被类。被类用品主要包括床上用品以及床垫、枕套等等。

（2）巾类。各种用途的洗浴用巾，枕巾，用于装饰的地巾和包括枕巾、毛巾、浴巾、沙滩巾、地巾、方巾、澡巾及其他盥洗类纺织物品。

（3）帘类。帘类包括浴帘、窗帘和各种装饰用的帘形纺织品。

（4）毯类。毯类包括各种材质的地毯、壁毯和床上用毯。

（5）袋类。袋类包括储藏袋、收纳用盒、衣物袋、箱包等等。

（6）厨类。厨类包括围裙、餐巾、台布、清洁巾、桌旗、微波炉手套等。

（7）布艺类。布艺类包括靠垫、装饰品面料、坐垫、布艺沙发以及抽纱制品等。

（8）带类。带类纺织品包括衣物、装饰品上的花边、流苏、各种线类和装饰用的带状纺织品等。

（9）帕类。各种材质、工艺所制成的手帕统称为帕类。

（10）植绒类。植绒面料所制成的家用纺织品统称为植绒类。

（五） 按照纺织品使用效果分类

（1）纯装饰类。纯装饰类是指刺绣、流苏、插画、壁画等工艺、艺术制品。

（2）实用装饰类。实用装饰类是指床上用品、功能性挂帘、沙发布、靠垫等物品。

三、 家用纺织品的功能特性

家用纺织品在纺织品总的使用量所占比重越来越大，同时也越来越被人们所重视，这是由于家用纺织品不但能发挥其实用性，更能发挥其装饰作用。家用纺织品能体现出现代人对美的追求，将人们的心境通过家用纺织品所表达出来，使室内空间的静态环境变成一个动感的小天地，从而使人们的激情得以释放。

（一） 装饰性

室内环境装饰讲究将形、色、质、光结合起来，在这些方面家用纺织品有着先天的优势。

1. 形

形在家用纺织品的造型当中是最为重要的内容，家用纺织品能够通过造型，使室内空间给人感受更加完美与温馨，这是家用纺织品发挥活力的源泉。所以在这一方面，形能够使人们的心理需求得以体现。其中，无论方、圆还是三角形或者不规则图形，抑或是点、线、面，只要搭配得合理且将设计思想融入其中，便能将人们对美的追求表达得淋漓尽致。

2. 色

色是上帝赋予大自然最为神奇的东西，家用纺织品通过色彩更能激发出生命力。在一个平凡无奇的室内空间当中，只要在其中搭配合理的色彩，那么它马上就能变成一个完全不同的世界。纺织品由于色彩的数量和组合非常多，能够对家具环境的视觉效果造成非常大的影响，从而使人们有着更高的生活兴致，无形中增加了人们的乐趣，为生活增添了激情。

3. 质

好的质感能够带给家用纺织品极强的亲和力，相对于室内常用的各种家具、花岗石、金属、玻璃、陶瓷器具等其他的装饰材料，家用纺织品相对于以上装饰材料，有着飘逸、蓬松、温暖并且柔软的特性，这些特性能带给人们更多的舒适感和亲切感。家用纺织品当中的这个亲和力能够使人与自然、人与人之间的距离拉近。不同质地材料的家用纺织品所用的种种特性能够使其散发出协调人与自然的和谐的魔力。

4. 光

家用纺织品由于材料的不同能够体现出或明或暗的效果。家用纺织品上本身所体现出的明暗效果能够使人的视觉和触觉神经得到一定程度的调动，在一些情况下，还能和环境当中诸如灯光、自然光等因素相结合，体现出更多的效果，使人感觉更加舒服、美妙。比如，在卧室和客厅当中，窗纱和帷幔的透明感可以塑造室内朦胧的意境。所以光也能够使人与自然的距离更近，促进人与自然的融合，是人与人的感情能够有更多交流的重要手段。

（二） 功能性

家用纺织品除了有很好的装饰作用外，其实用的功能性价值也是不可忽略的。要达到相应的功能性目的，就要通过对家用纺织品的材料、结构、造型等各种因素进行相应地选择才能实现。

1. 机械性能

主要是指纺织品在使用过程中抵抗外力破坏的能力，决定着家用纺织品的耐用性。主要包括在抗拉伸、耐撕裂、耐顶裂以及自身弹性和耐磨性等特性。

2. 外观性能

主要是指纺织品表面形态方面的性能。具体而言，涉及到纺织品表面的光泽、色彩、起毛起球、刚柔性及悬垂性等物理特性。

3. 易打理性

主要是指在使用过程中纺织品的料理难易程度方面的性能。具体而言，包括纺织品沾污后是否容易清洁，洗涤是否方便，防虫蛀的能力以及抗褶皱等性能。

4. 稳定性

纺织品在使用过程中保持外观形态不变的能力称作纺织品的稳定性。主要涉及到纺织品的色牢度、落水变形、汽蒸收缩变化率等等。

5. 传递性

是指纺织品对热湿传递的效能，主要是指纺织品的透气性、防水性、吸湿性等性能。

6. 舒适性

舒适性是指纺织品能否在使用过程中使人体保持良好状态的能力，如给人的体感和保温性等方面。

7. 卫生性

纺织品在使用过程当中抗菌防霉的性能就是卫生性。具体来说主要是纺织品的防霉防菌性以及皮肤对纺织品的过敏概率等。

8. 特种性能

纺织品在工作当中的特殊的一些性能被是指织物在使用过程中表现出的一些特殊性能，主要包括耐高温、阻燃、抗老化、防静电以及防辐射等一些特性。

（三）　整体性

图 1-16　家用纺织品整体设计

图 1-17　家用纺织品整体设计

家用纺织品在整体布置方面与服饰、产业用纺织品有着明显的区别，最主要的是在整体性上有着非常高的要求，具体而言会涉及到点、线、面以及空间等诸多方面。它从设计到销售的一整套流程都和家用纺织品的整体性有着莫大的关联，关系着产品的成功与否。就好比一个舞台幕布，在进行设计和布局时除了对其自身的色、光、性、质等方面要求最大化的统一，并且从空间环境的角度上来看，整体必须烘托出理想的效果。这涉及一个舞台在大小、格局、场所空间以及其他诸多方面在材料和构件的布置，并且相关的光线、灯光效果也都不能忽略。同样，在家用纺织品的流程中，用量、色彩、花纹、结构、造型等都对整体性有着牵一发而动全身的影响。

（四）　生态性

在生态性方面，家用纺织品必须要满足四个基本前提，并且在过程中按照以下四个环节的要求进行。

1. 四个基本前提

（1）运用可再生资源制造，重复利用率高。
（2）生产过程中对环境的污染力争最小化。
（3）使用过程中不能危害人体健康。
（4）家用纺织品在废弃以后能够自然降解，从而保证对环境的污染最小化。

2. 四个基本环节

（1）纺织材料的绿色化。
（2）染色整理过程的绿色化。
（3）产品完成的绿色化。
（4）纺织品废弃的绿色化。

图 1-18 竹纤维生态家用纺织品

按照国际纺织品生态学研究与检测协会颁布的生态纺织品标准 100，纺织品按照与人体关系的密切程度分成四类：Ⅰ类产品——婴儿用品；Ⅱ类产品——能够直接接触皮肤类的产品；Ⅲ类产品——指穿着时，其表面的大部分同皮肤直接接触的产品；Ⅳ类产品——不直接接触人体皮肤的产品，指那些用于装饰的初级产品和附件，如桌布、墙面覆盖物、家具织物、窗帘、装饰织物、地板覆盖物和床垫等。家用纺织品必须符合生态纺织品标准 100 当中对于各种有害物质在家用纺织品当中的含量要求。目前我国还未全面实行这一要求，因此必须在这方面多下功夫。

（五）几种常见家用纺织品的特点及要求

1. 寝具类

寝具在家庭生活中是不可缺少的，主要在卧室中使用。对寝具的基本要求就是要能有助于改善人们的睡眠质量，并且对室内环境起到协调和装饰的作用。寝具类在使用时是直接与人体皮肤接触的，而且在使用时间上非常长，所以除了在装饰方面要时尚、个性，为了的健康和舒适，其保暖性、抗菌性以及安全性都是必须要保证的。除此之外，寝具应跟随现今倡导的环保理念，采用绿色环保材料制成，主要成分为天然纤维。

（1）被类。被类用于睡眠中覆盖身体，主要功能是保暖，必须要做到弹力好、覆盖性好、柔软、保温防寒、安全、无污染、耐磨、抗拉伸、抗菌性好，并且要求洗涤方便；另外，其装饰性也很重要，在设计上色彩图案要美观、大方。

（2）枕垫类。枕头和垫褥是人们睡眠时的主要寝具，材质合理的枕套和垫辱能够使人与床铺贴合，卧姿自然、松弛，促进血液循环，消除疲劳，还能保证良好的保暖性。当然，枕垫类纺织品的厚度要合理，防潮透气，有良好的弹性，不易褪色掉色，抗菌性强，要有一定的耐用性。

（3）毯类。毯类通常用于铺垫，某些类型的毯类还有覆盖的功能。因此毯类要求保暖性和防潮性，有一定的抗菌功效，不同用途的毯类要有合适的厚度，防水防静电，材质要柔软美观。

（4）罩单类。被罩、床罩、床单、枕套、凉席等许多产品都属于罩单类的，罩单类在实用性上要求柔软，吸湿透湿，有着良好的安全性和抗菌性，易洗，同时由于其覆盖在表面，对装饰功能要求很高，要在色彩光泽上具有特点，并且质感良好。

2. 窗帘、帷幔类

（1）窗帘、帷幔。窗帘和帷幔对室内的装点作用很强，所以应当有着典雅美观的花色，同时由于其自身的功能，要求遮光，耐日晒，耐污染，防风吸音，防辐射，在悬垂的时候有着优雅的姿态。

（2）浴帘。浴帘要有良好的遮蔽性，防风防水，纺织品材质上要有着细腻轻薄的特点，颜色要典雅，易洗快干。

3. 卫生盥洗类

卫生盥洗类纺织品往往在功能上有一些特殊的要求，因为在浴室中和居室中的环境有很大区别，要便于洗浴时使用，易清洁，易保管，易洗快干防霉防潮，材质与色泽上要给人清新的感觉。

4. 餐厨杂饰类

餐厨杂饰类家用纺织品通常用于厨房当中，要求具有美化装饰、卫生洗涤和防护功能，安全隔热，防污，耐洗涤，吸水。

5. 家具覆盖类

家具覆盖类主要包括桌椅、沙发的外罩以及覆盖家用电器的保护罩等等，还包括交通工具的座椅面料。鉴于其功能和对装饰的要求，这类家用纺织品要求舒适耐磨，有着良好的摩擦力，对于防水防污的要求较高，具有一定的阻燃性，并且易洗快干。

6. 地毯与墙布

（1）地毯。地毯对材质的要求很高，要做到温暖防滑，并且吸音柔软，花色上要给室内增添温馨的感觉。

（2）墙衣。墙衣要求耐用耐脏，防霉防潮，耐擦洗并且吸音，并且环保安全，不释放有毒有害气体。其美观价值很大，要求图案和色泽柔和，具有一定的艺术设计，能带给室内温馨的感觉。

7. 巾帕类

（1）毛巾类。毛巾要手感舒适充满弹性，有着良好的柔软度和吸水性，手感要舒适，易洗快干，不能褪色掉色。

（2）手帕类。手帕在过去是人们出门必带的物品，但在我国纸巾渐渐取代了手帕的地位。国外对纸巾的利用率远低于我国。无节制的纸巾消费，一是消耗大量的木材；二是纸巾一次性消费产生大量的垃圾；三是部分纸巾含有荧光增白剂、氯等大量有害身体健康的化合物。另外，质量较差的纸巾也是疾病的传染源。因此，中国消费者协会向全国的消费者和少年儿童发出捡回人们丢弃的手帕的倡议。

8. 植绒类

植绒类家用纺织品分为以下三类：

（1）机织物静电植绒，主要用于布艺沙发罩、汽车坐垫和窗帘。

（2）针织物植绒类，主要用于织制床罩、坐垫罩。

（3）非织造基布植绒，用于地毯、贴墙布和仿麂皮织物等。

无论哪种方法形成的植绒面料，都要求外观美观，色泽优雅，装饰性强，易洗快干，绒毛密实均匀，坚牢度好，耐擦洗。

第二节　家用纺织品设计构成要素

家用纺织品的设计意图可以体现在家用纺织品形成的各个环节上，构成关键要素主要体现在材质、色彩、图案、工艺、款式等方面，这构成了现代家用纺织品设计的核心要素，其他的设计都包容于这些要素之中。

一、材质

家用纺织品要发挥其艺术性和实用性都必须依靠材质方能实现。设计家用纺织品时，材质就是其最基本的物质载体，在家用纺织品设计当中是根基。家用纺织品通常由纺织纤维原料制成，这些材质柔软舒适，从而造就了与人类之间的亲和力。不同的材质在厚薄、软硬、光泽度、挺括度、手感、弹性等方面都有着其不同之处，制作成型的纺织品在风格造型上也会呈现不同的面貌，因此设计构思时必须充分考虑到不同材料对于设计表现效果的影响，也可以选择从材料入手，寻找设计灵感，有机地将设计与材料的选择的结合，齐头并进，更出色地发挥材料的作用与魅力。

二、色彩

色彩设计是研究运用合适的颜色配合造型的过程，色彩的选择及搭配效果往往决定整个家用纺织品的优劣。色彩本身具有强烈的性格特征，不同的色彩与搭配能使人产生不同的视觉和心理感受，设计家用纺织品时不仅要仔细研究色彩理论，更要准确把握时代脉搏，对时尚、文化、流行色趋势等内容熟悉了解，才能创作出更好的设计作品。

图 1-19 家用纺织品色彩设计

三、 图案

图 1-20 ZARAHOME 家用纺织品图案设计

图案是家用纺织品非常重要的构成要素之一，也是纺织品材料与其他室内装饰材质相比独具特色的一方面。无论是面料本身的图案还是利用装饰工艺如刺绣、贴花、编织等工艺形成的装饰图案，都能形成风格迥异的表现效果，成为设计思想的重要传达因素。

四、 工艺

工艺制作是实现款式设计的一个重要环节，也是一个对原构思不断充实完善的过程。制作的过程由裁剪和工艺两部分，裁剪就是对家用纺织品进行结构的设计，决定着造型的形成，裁剪是否科学准确、合理巧妙，直接影响成品的效果。家用纺织品制作工艺包括基本的缝纫、熨烫等工艺，此外还包含装饰工艺手法，如绗缝、打褶、抽穗、压边等，是体现现代家用纺织饰品品质的重要环节，不能有半点马虎。

五、 款式

款式的设计决定着外轮廓和内轮廓的结构。在造型手法上的安排，对细节的塑造，以及分配布局都对其美观程度和实用性起着非常大的作用。款式往往与设计是分不开的，因此在这一方面要做好协调工作。

第三节 室内环境中家用纺织品色彩与图案设计

色彩和图案是不可分割的部分。图案需要依附于色彩显现，色彩需要图案的丰富才能趋于完美。色彩与图案设计是家用纺织品设计的重要元素，是纺织品外在的表现形式，其设计的成功与否，直接关系到他与室内环境的协调与创新程度，对其研究具有重要的现实意义和参考价值。

一、 家用纺织品色彩与图案的关系

在室内环境中，家用纺织品色彩的配置与图案设计是相辅相成的。在进行纺织品配色前必须充分掌握图案的特点，在配色时要保持和充分发挥

图案的风格，并能运用色彩弥补图案中的不足。

（一） 色彩与图案题材、风格的关系

各种图案花样都依附于它的内容而组成各种不同的风格，配色也在各个不同的题材风格上创作出各种生动的色调。例如：生动活泼的写意花卉宜配明快、优雅的浅色调；灵活多变的装饰图案花，可以配置多种色调；外国民族纹样可以配置西方色彩；细丝大菊花宜配黑白、红白色，以使花瓣清晰明朗；抽象图案的配色可带点梦幻色彩；中国民族风格图案的配色，应在传统配色的基础上有所发展，采用浓郁对比法，如红色调宜用大红、枣红，不宜用浅玫瑰红、西洋红；绿色宜用墨绿、棉绿，不宜用草绿、鲜绿；蓝色宜用虹蓝、宝蓝，不宜用皎月、湖蓝等。总之，鲜艳度要高，色感要庄重。一般说来，粉红、浅绿、浅蓝、浅紫等色调，使人有一种轻松、活泼的感觉，黄色调则使人有一种温暖、亲切的感觉，大红色富有热烈、欢快的气氛，而棕色、墨绿、藏青等色调给人以端庄、稳重、浓郁的感觉，黑、白、金、银等色另有一种高贵之感。由于色彩的各种属性，因此可以巧妙地配置在各种情趣的花样上。对过于动荡的图案不宜再配大红、大绿等欢乐色彩，宜用蓝色、紫色等冷色调和中间色调起安静、稳定作用。对秀丽、纤细的图案宜配浅紫、银灰、粉红、淡蓝等色调，以增加幽雅、肃静的情调。风景图案宜用多种色调变幻。在大色调的组成中，可以蓝、绿、青、紫等组成冷色调，以红、黄、橙、咖啡色等组成暖色调。在不破坏大色调的前提下，可适当地在冷色调中加入少量的暖色，或在暖色调中加入少量的冷色，这样可以起到点缀、丰富画面的作用。“万绿丛中一点红”，这时的红色会显得格外鲜艳。

图 1-21 色彩与图案题材搭配

（二） 色彩与图案结构布局的关系

当图案的面积大小恰当、布局均匀、层次分明、宾主协调时，配色不仅要保持原来优点，还要进一步烘托，使花地分明，画面更完整。若图案中布局不均、结构不严、花纹零乱时，配色时就要加以弥补，一般宜用调和处理法，即适当减弱鲜艳度和明度，采用邻近的色相和明度，使各种色调和起来，借以减弱花样的零乱感。色彩配置时，也应减弱鲜艳度和明度，以便掩盖花纹档子。

图 1-22 色彩与图案结构布局

（三） 色彩与图案花纹处理手法的关系

当花纹为块面处理时，在大块面上用色其彩度和明度不宜过高，而在小块面上宜用点缀色，即鲜艳度和明度较高的色彩，具有醒目作用。根据色彩学概念，同面积的暖色比冷色感觉大。这是因为色彩的膨胀感而造成的错觉。在绸缎配色时也可以结合具体花纹加以运用，如在暖色调为主的绸面上，对大块面花纹宜配暖色，虽然暖色有膨胀感，但因受其周围暖色的协调作用，也就不显其大了；如果在中性地色(黑、白、灰)上欲使花纹丰满，则大块面花纹上同样宜用暖色。

当花纹为点、线处理时，如果点子花是附属于地纹的，其色彩宜接近地色；如果点子花是主花，则因点子面积小而又要醒目，宜配鲜艳度、明度高的色彩。

如果花纹为点、线处理时，如果点子花是附属于地纹，其色彩宜接近地色；如果点子花是主花，则因点子面积小而又要醒目，宜配鲜艳度、明度高的色彩。

如果图案是以线条为主的，因线条面积小，用色以鲜艳度、明度高为宜。当图案上的线条呈密集排列时，这时线条的色彩在画面上起主导作用，当线条为浅色时，图案也配浅色；反之线条为深色时，图案配深色。花纹上包边线条的色彩，宜取花、地两色的中间色，以求色的衔接协调。

对于光影处理的花朵来说，光影色要鲜艳。如在白色上渲染大红、在泥金上渲染枣红或在白色上渲染宝石蓝等。总之，两色的色度相距要大，以使光影效果更好。

图 1-23 色彩与图案花纹处理

二、 室内环境中家用纺织品色彩设计

伴随人们生活水平的提高，室内环境中单纯的功能性空间已满足不了人们的精神追求，人们用开始把焦点放在软装饰上边，纺织品作为软装陈

设的产品，越来越受到消费者的青睐。家用纺织品在现代家庭中越来越受到人们的青睐，它柔化了室内空间生硬的线条，赋予室内空间一种温馨的格调：或清新自然、或典雅华丽、或情高调浪漫。在室内环境中，色彩是一个具有相当强烈感觉的要素，占有着重要的地位，家用纺织品的选用主要体现在色彩和图案的选择上。在进行色彩选择时，要结合家具和室内整体风格的色彩先确定一个主色调，在视觉上达到平衡，使室内环境整体的色彩、美感协调一致，给人留下一个好的整体印象。

在家用纺织品的各项设计当中，纺织品色彩的设计非常重要，并且涉及很多方面的因素。装饰织物在家用纺织品中应用最广泛，设计时要考虑配套性、装饰性、功能性、季节性等。家用纺织品选择花色的适宜程度以及色彩的协调度，都和光照后织物的色光反射有直接的关系。设计者往往运用这一原理对家用纺织品的色彩进行设计。通过对纺织品的色彩的设计规律进行总结，便能够尽可能地在创意元素和设计理念上取得进展，这样设计师就能够在时间有限的情况下对当下家用纺织品的流行趋势和文化寓意有更深刻的了解，从而对这些流行主题进行进一步的丰富。

家用纺织品色彩设计必须考虑使用者的生理、心理特征，必然随着时代变化而与时俱进，不断追求色彩美的多样性和丰富性。家用纺织品色彩设计同时还需要考虑与纺织面料的关系，注重感性设计和整体配套设计，只有家用纺织品色彩设计与自然环境、室内环境、社会环境融合共生才能实现其创新价值。

三、 室内环境中家用纺织品图案设计

家用纺织品图案是通过各种不同的工艺技术、设备和方法，在各种不同的织物上加工出来的。家用纺织品图案的生产方式很多，应用范围也比较广泛。从生产方式上讲，有提花、印花、绣花、挑花、扎染、蜡染、手绘等，而它们各自又有很多的分类，仅印花方面就有型版印花、淋染印花、滚筒印花、静电植绒印花等多种类型的印花方案，随着社会的发展和技术的进步，织花、绣花更是在历史的发展中产生了多种不同的生产方式。在我们生活的范围中，家用纺织品在我们生活的室内环境中是不可或缺的，从客厅、卧室、卫生间到厨房都属于家用纺织品的应用空间，在公共室内空间的宾馆方面有会客室、客房、卫生间等家用纺织品的装饰，另外在其他各种会议室、办公区域、餐厅、影院、舞厅以及各类交通工具中，家用纺织品也得到了广泛的应用。

我国悠久的历史和文化铸就了中国家用纺织品图案的辉煌，家用纺织品图案反映了一个社会的精神面貌，折射出一方地域的民族文化，更传递着一种生活的时尚信息。中国是世界文明古国之一，历史悠久，文化积淀深厚。同时中国也是世界上最早生产纺织品的国家之一，其纺织品图案的历史也极为悠久。自古以来，纺织品与人类有着悠久的亲密关系，我们的祖先在数千年的纺织生产进程中，创造了无数具有不同时代风貌的家用纺织品图案，这些图案既代代相传又不断创新，最终融汇成具有中华民族特色的纺织品图案风格。同时家用纺织品在人类生活的各个层面，以其特有的魅力影响着人们，影响着世界。且在与世界各国的交流活动中，中国纺织品图案设计吸收了世界民族的优秀文化，不断创新和发展，形成了独特的图案风格。

到了现今，家用纺织品图案设计融入到了各个领域，随着纺织新材料的出现和人们生活质量的提高，人们更加注重室内环境中家用纺织品的实用价值和审美价值，更加注重家用纺织品图案独特的艺术魅力。在室内环境设计中，重视装饰，崇尚人情味，逐步追求室内文化已成为主流，家用纺织品图案作为一种极具创造性的实用美术设计，历经千百年，从原始的缝染到初级的缋、印、编、织，进而发展成现今的由现代技术工艺、现代风格理念支撑的，更符合人们喜爱追求的高品质、全方位的整体室内环境设计的要求。现代家用纺织品图案设计要积极吸收中国传统图案的精华，并不断延续、衍生和创新，去粕存精，并加以修正为设计所用，向着生活化、系列化、个性化、时尚化和多元化方向发展。

第二章　家用纺织品色彩设计应用与创新

色彩在所有审美元素当中是最普遍的一种，在人类日常生活当中处处都能够接触到色彩。通过仪器，我们可以辨别出 2 万种以上的色彩类型，而人们在日常生活中经常用到和接触的色彩也能够达到 400 种之多。色彩是神秘的，也代表着人类丰富的情感。随着社会的发展，人们对色彩的审美能力愈发提高，在家用纺织品领域更是如此。家用纺织品可以说首先是一种色感的载体，假如一种家用纺织产品不能吸引消费者，不能招来消费者的青睐，那么其色感无疑是没有意义的，不符合消费者情感要求的。因此，家用纺织品的色彩设计与研究更是要走在流行的前列，从而满足人们对纺织品的审美需要。

第一节　家用纺织品色彩概论

一、　纺织品色彩的形成

光是电磁波的一种，光在具有波动性特征的同时，还具有粒子性的特征，因此光具有波粒二象性。电磁波包括宇宙射线、X 射线、紫外线、可见光、红外线、雷达波、无线电波和交流电波等。各种电磁波具有不同的波长和振动频率。电磁波的波长范围很宽，其中波长最短的是宇宙射线，最长的是交流电波。能够对人的视觉神经产生刺激的电磁波的波长在 380～780 纳米之间，所以，称波长在 380～780 纳米的电磁波为可见光。对于可见光的可见范围，由于人的视觉差异略有不同，有的偏于长波，有的偏于短波。但是由于位于可见光波范围两端的光波，对于人的颜色视觉的贡献都比较小，所以，通常可见光的波长范围往往认定为 400～700 纳米。从设计上来讲，这个程度的波长定义对于家用纺织品的测量已经足够计算了。

光与色彩有着不可分割的密切关系。视觉色彩的产生离不开光，没有光也就没有色彩感觉。光作用在物体表面，反射到人的眼睛中，不同的光产生的刺激是不同的，因此人眼所感受到的色彩感觉也就是不同的。平时人们见到的色彩往往来源于物体表面对于光的反射，这些物体本身往往是不发光的。反射光进入人眼便对色彩有了感知，这是由于物体表面对光产生的投射、折射和反射现象。以上现象令人眼分辨出色彩，即为物体色。造成这种现象的原因就是光是选择性吸收的。物体接受太阳光的照射，之后由于其自身特性选择对一定范围波长的光进行吸收，其他波长范围的光则被其反射出去，这些波长的光反射到人眼中就能够显示出该物体的色彩。

纺织品的色彩大致分为天然拥有和人工染色。除此之外，其表面的色彩所体现出来的效果与材质、纱线织物的结构、染色工艺及光源都有着非常紧密的关系。

（一） 颜料色与染料色

纺织品所用的颜料和染料都是通过对物质对色光的吸收和反射能力进行分析而选择的。染料有植物性和矿物质等天然形成的，也有通过化学工艺合成的。颜料和染料往往都能够对太阳光中一种特定的颜色进行反射，同时对其他所有的色光进行吸收，呈现出其固有的色相。染料通常溶于水中，一部分的染料需要媒染剂使染料能黏着于纤维上。染料往往还有渗透性的特点，这样可以使其相比颜料更加多的有一种透明感。染料和纤维通过物理反应或化学反应结合，附着在纤维上，形成色牢度，使其不易褪色变色。颜料则往往是依靠粘着剂附着在纤维材料的表面以及内部。

（二） 染色对纺织品的影响

染色纺织品当中的有色物质能够对物体的颜色产生影响，最主要的一点就是染料会因为织物纤维的物理状态发生改变而改变其所显示的颜色。染色的过程通常情况下都是物理变化。例如，在还原染料染棉织物的过程中，大多数染料在皂煮前后都会在色相上产生程度不同的变化。经过皂煮前，染色织物对还原黄 GK 的最大吸收波长为 445 纳米，而皂煮后则变为 462 纳米。产生色相变化的原因是染料在纤维中的取向结晶以及晶型发生了一定的变化。

二、 纺织品色彩的属性

纺织品的颜色具有色相、明度、纯度和冷暖的基本属性，对这四种基本属性的熟知能够对色彩从认识到运用和表现起到非常大的作用。

色相：色相（H）是色彩的不同相貌，是辨别色彩的主要特征，是将色彩区分开的重要依据。光学上认为色相是因为不同光波的波长不同而产生的。红、橙、黄、绿、青、蓝、紫等这些光谱色的基本色为基本色相，不同波长的光经过混合后表现出不同的色彩，这些色彩就叫做色相。纺织品色彩的色相指纺织品本身呈现出来的颜色。

（1）明度：当色彩的色调相同，但光波的反射率和透射率以及辐射光具有不同能力时，那么其视觉效果便也是不同的，所以这个变化就叫做色彩的明度（V）。通俗地说，明度就是色彩的光亮程度以及深浅度。即是色彩的明暗程度。在无彩色中白色有着最高的明度，黑色则为最低。黑白之间的多种灰色，靠近白色的灰色叫做明灰色，靠近黑色的灰色则被称为暗灰色。有彩色系当中明度最高的是黄色，最低的是紫色。纺织品色彩的明暗程度指纺织品颜色的深浅度。

（2）纯度：纯度（C），也叫做饱和度、鲜艳度、彩度或含灰度，是光线与光谱色相接近的程度。具有纯度的色彩有着其相应的色相感，一种颜色的色相感越是明显那么其纯度就越高，相反则说明其纯度低。纺织品色彩的鲜艳度指纺织品颜色本身纯净的程度。

（3）冷暖：纺织品色彩会对使用者的情感起到一定作用。有温暖感的纺织品色彩就是暖色，如红、橙、黄。让人感觉冷的颜色属于冷色，如蓝、紫。

三、纺织品色彩的色调

色调是指色彩的外观特征和基本倾向，纺织品的色调是由色彩的基本属性决定的。从色相上看，有红色调、黄色调、绿色调、蓝色调、紫色调等；从明度上看，有明色调、暗色调、灰色调等；从纯度上看，有清色调、浊色调等；从冷暖上看，有暖色调、冷色调等。如果把明度和纯度结合起来考虑，又可以分为明清色调、中清色调、暗清色调等。色调表现了色彩设计者的情感、趣味、心情、意境等心理特征，对于纺织品色彩设计来说，每种面料一般首先要确定一种基本色调，然后在此基础上进行变化。

四、纺织品色彩的体系

色彩根据一定的规律和秩序，成千上万种的色彩按照其自身的特性被加以排列，接受合理的命名，这就是色彩的体系。建立纺织品色彩体系能够对色彩进行标准化、系统化以及科学化的研究起到非常重要的作用。

（一） 色彩体系的分类

1. 表色体系

把原色的色料加上黑、白色调制混合，制成物体色，即构成有系统的整体的色彩体系。各色的色相、明度、纯度各自有一定的标记方法，且划分为一定等级。有代表性的有蒙赛尔色立体、奥斯特瓦尔德色立体、日本色彩研究所的色立体等表色体系。

2. 色名体系

色彩的种类繁多，要对色彩进行正确的表达和应用，对每一种色彩进行命名是非常重要的，所形成的体系即为色名体系。把物体色按照一定的要求划分成色别，并给予相应的名称，这样命名即为色名法。色名法分为自然色名法和系统化色名法。自然色名法就是使用自然景色、动植物以及矿物的色彩等对色彩晶型表达的方法。诸如海蓝色、宝石蓝、栗色、橘黄色、象牙白、蟹青色等颜色皆是这样命名的。在色相加修饰语的基础上，同时将明度和纯度的修饰语加进去的命名法即为系统命名法。例如：淡褐色、暗紫色、黄绿色等。在此基础上，如果以色调的倾向和对明度、纯度加以修饰进行色彩表达色彩，那么精确度就更高了。国际颜色协会（ISCC）和美国国家标准局联合对 267 个适用于非发光物质的标准颜色名称进行了颁布。

3. 混合体系

混合体系是借原色色光混合而成的色彩体系，主要用于表示色光。这一体系的代表是国际照明委员会 CIE 表色系。

（二） 色相环

在色彩构成中，色相的表达形式通常是色相环来实现的。著名物理学家牛顿曾经在将太阳光分解后把其光带首尾相接，这样基本色就成了圆环状，这个圆环被划成六等份，在每一份当中分别填入红、橙、黄、绿、青、紫六个色相，这就是牛顿色相环。牛顿色相环能够表示出色相的序列和色相与色相之间所存在的关系，从而形成了三原色、三间色、邻近色、对比色、互补色它们之间相互的关系。牛顿色相环成为了表色体系的理论基础。以牛顿色相环为基础，又发展出了 10 色相环、12 色相环、24 色相环等。

（三）　色立体

牛顿色相环在色相关系上建立了色彩的表示方法，但除了色相之外，还有明度和纯度这两个基本属性，因此通过二维平面是无法将三种属性同时表示出来的，这样就出现了色立体。借助三维立体空间的表现形式，色彩体系能够将色相、明度以及纯度这三种基本属性同时表现出来，这就是色立体。色立体能够使整个色彩体系更加方便地表示、整理、分类、记述，更加便于对色彩进行观察和表达。

色立体的图形以明度为中心垂直轴，越向上明度越高，白色为顶点，越向下则明度越低，黑色为下端。水平方向代表纯度，接近明度轴代表纯度低，远离则纯度高。在明度轴上都有通明度的纯度向外延伸，从而形成某一色相的等相面。明度轴为中心，各色相的等相面按照红、橙、黄、绿等顺序排列成一放射状的结构，这样的整个立体型就形成了色立体。如图 2-1 所示，这一立体的形式即为色立体的基本构成。

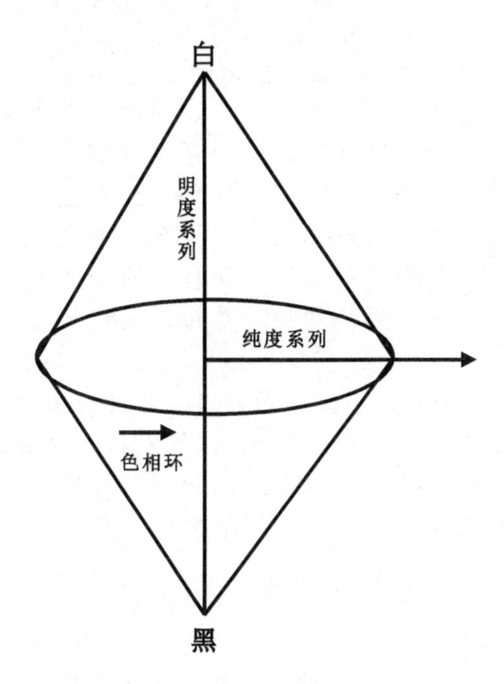

图 2-1　色立体的基本构成

五、 纺织品色彩的混合

两种及以上不同的色相经混合后会产生新的色彩。纺织品色彩有加法混合、减法混合和中性混合等三种混合形式。色彩可以在视觉之外混合，而后进入视觉，加法混合和减法混合是色彩在视觉之外进行混合，之后进入到视觉当中。除此之外，进入视觉之后再发生混合的混合方式被称为中性混合。

（一） 加法混合

两种或两种以上颜色的色光混合在一起，称为加法混合，即色光的混合。各种不同波长的光叠加在一起，就会得到与原来色相不同的光。色光经过加法混合后，其明度将提高，混合后的光亮度等同于原色光相加亮度的综合。因此这种混合方式为加法混合。

加法混合的基本规律符合格拉斯曼定律,其基本内容是人的视觉只能分辨颜色的三种变化，即色相、明度、纯度。在由两种成分组成的混合色中，如果一个成分连续变化，混合色的外貌也连续变化。由这个定律又导出两个定律：一是补色定律，即每一种颜色都有一种相应的外貌，如果某一颜色与其补色以适当的比例混合，便产生近似于比重较大的颜色的非饱和色。二是中间色定律，即任何两个非补色相混合，便产生中间色，其色相决定于两颜色的相对数量，其饱和度决定于两者在色相顺序上的远近。

颜色外貌相同的光，不管其光谱组成是否相同，在颜色混合中具有相同的效果，或者说，凡是在视觉上相同的色彩，都是等效的。由这一定律导出颜色代替定律，即相似色混合后仍相似。如果颜色 A 与颜色 B 相等，颜色 C 与颜色 D 相等，则有如下定律：

颜色 A+颜色 C=颜色 B+颜色 D

代替定律表明，只要在感觉上颜色是相同的，便可以互相代替（但必须在相同的条件下代替），所得到的视觉效果就是相同的。根据代替定律，可以用颜色混合的方法产生或代替各种需要的颜色。代替定律是现代色度学的基础。混合色的总亮度等于组成混合色的各颜色亮度总和，这一定律叫亮度相加定律。

（二） 减法混合

色料是指对不同波长的可见光进行选择性的吸收后，呈现各种不同色彩的颜料或染料等物质。减法混合主要指的是色料的混合。

白色光线透过有色滤光片后，一部分光线被反射，而其余部分被吸收，这样就减少了一部分辐射功率，最后透过的光线是两次减光的结果，这样的色彩混合称为减法混合。减法混合的三原色（即物体色三原色）为品红、黄、青。根据减法混合的原理，品红、黄、青三原色按照不同的比例进行混合，可以得到一切色彩。因此，这三种颜色是颜料的三原色，即第一次色；三原色中的任意两色进行混合得到的三种色彩，称为间色；用间色分别与其相邻的三原色混合，得到复色（图 2-2）。在减法混合当中，混合的色越多，明度越低，那么其纯度就会相对下降。

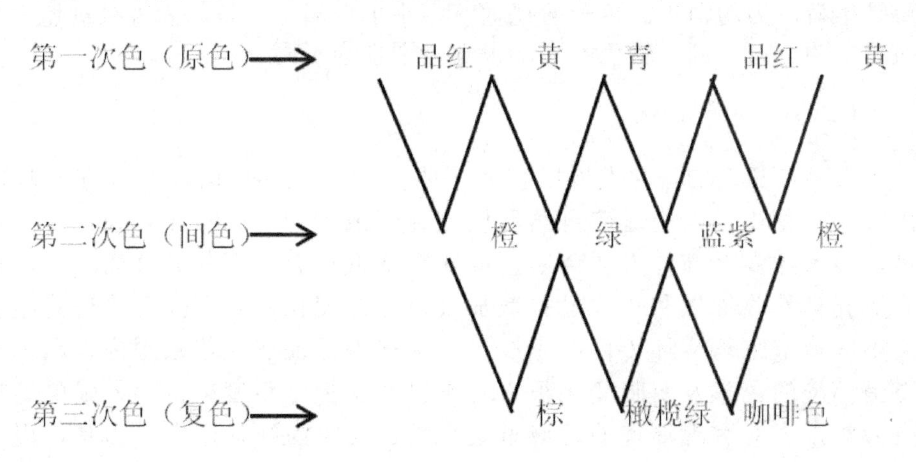

图 2-2 复色示意图

（三） 中性混合

中性混合源于人的视觉生理特征，是一种视觉的色彩混合，从本质上来说，是针对色光及发光材料本身，但不对色光和发光材料本身进行改变。中性混合在混色效果上亮度不发生改变，混合后的亮度是相混颜色的平均值。色彩的空间混合有三大特点，一是近看色彩丰富，远看色调统一，色彩效果受视觉距离的影响；二是色彩有闪动感；三是变化混合色的比例，可以用少量色彩混合得到多色彩配色效果。面料设计中的闪色织物、混色织物就利用了色彩中性混合的原理。

六、 纺织品色彩的视觉规律

（一） 视阈与色阈

人的眼睛在固定条件下能够观察到的视野范围，称为视阈。视阈内的物体投射在视觉器官的中央凹时，物像最清晰；视阈外的物体则呈模糊不清状态。视阈的范围因刺激的东西不同而有所不同。视野的大小取决于人视觉器官的解剖特征和心理、生理特征。人眼对色彩的敏感区域称为色阈。由于视锥细胞中的感光蛋白元分布情况不同，而形成一定的感色区域。中央凹是色彩感应最敏感的区域。由中央凹向外扩散，感红能力首先消失，最后是感蓝能力的消失。色彩的视觉范围小于视阈，这是因为视锥细胞在视网膜上的分布不同，颜色不同，视觉范围也会不同。

（二） 视觉适应

人类在长期的进化发展中拥有了强大的适应环境的能力。在与环境接触的过程中，人类适应自然环境已经形成本能，比如在夏天，由于炎热将导致体温升高，人类会通过排汗来降低体温，而冬天气候严酷，体表毛孔自然收缩以防止热量扩散加大。光线变化时，人眼会通过对瞳孔大小的调节来适应环境内的光线，来使视力保证在最佳范围内，因为人周围环境的色彩及明暗变化很大，所以在生物学角度来讲，人眼的适应能力对于人对客观环境的适应意义重大。人眼的视觉适应能力是在漫长的发展进化过程中得来的，对人认识世界能够起到非常重要的作用，但视觉适应带来的作用并不总是积极的，因为这种适应可能会影响人眼观察世界的客观性和真实性。

影响人眼对色彩认识的准确性的最大因素是时间。在人眼上，颜色刺激几秒钟后就会使人眼对这一颜色的敏感性降低，从而改变眼睛对这种颜色的色彩感觉。长时间对一种颜色的注视会使人感觉其纯度减弱，如果是深色会感觉变亮，浅色则会变暗。对色彩感觉客观的一个时间段大约在 5～10 秒，所以家用纺织品色彩设计必须整体观察、整体比较、整体考虑色彩的感受，并且要牢记对物体色彩的第一印象，尽量保持新鲜感，从而使观察能力得到增强。

（三）　视觉后像与视觉平衡

外界物体停止对人眼的视觉刺激后，视网膜上的影像会留存一段时间，这就是视觉后像。视觉后像的存在是由于视觉神经兴奋后残留的痕迹，因此也叫做视觉残像。眼睛对两个事物先后注视，视觉就会产生对比，这种对比叫做连续对比。

视觉后像分为正后象和负后像两种。如果观察物体时，视觉神经的兴奋点并未达到高峰，那么残留的后像就叫做正后象。如果视觉神经过度兴奋，而后产生了疲劳，从而将相反的结果诱导出来，这种后像叫做负后像。需要指出的是，正后象和负后像都只是人眼视觉过程中的一种感觉，并不是真实客观存在的。为了保持视觉生理的互补性平衡，在家用纺织品色彩设计时必须使色彩搭配协调。人眼对色彩明度的舒适度要求是中性灰（即5 级灰），因为它符合视锥细胞感光蛋白元的平均消耗量，又使人眼不受刺激。除了中性灰的单色块外，在家用纺织品色彩的组合中，只要能产生视觉生理平衡效果，同样能符合要求。

（四）　视觉中的色彩对比

在视场中，相邻区域的两种颜色的互相影响称为颜色对比。也就是说，两种以上的色彩，以空间或时间关系相比较，能产生明显的差别，这称为色彩对比。自然界的色彩无处不在对比之中。色彩的对比分为两大类，即同时对比和连续对比。

当两种或两种以上色彩并置配色时，相邻两色会互相影响，结果使相邻之色改变原来的性质，都带有相邻色的补色，这种对比称为同时对比。色彩同时对比主要有以下几条规律：亮色与暗色相邻，亮者更亮，暗者更暗；灰色与艳色并置，艳者更艳，灰者更灰；冷色与暖色并置，冷者更冷，暖者更暖；不同色相相邻时，都倾向于将对方推向自己的补色；补色相邻时，由于对比作用强烈，各自都增加了补色光，色彩的鲜明度也同时增加；同时对比效果，随着纯度的增加而增加，对比效果相邻交界之处，即边缘部分最为明显；同时对比只有在色彩相邻时才能产生，其中以一色包围另一色时效果最为醒目。

当看了一种色彩再看另一种色彩时，会把前一种色彩的补色加到后一种色彩上，这种对比称为连续对比。这种连续对比是在眼睛连续视觉后产生的，是视觉的“后像”。表 2-1 说明了色彩的这种连续对比现象。

表 2-1　色彩的连续对比现象

先看到的色彩	后看到的色彩	对比后的色彩感觉	先看到的色彩	后看到的色彩	对比后的色彩感觉
红	橙	黄味橙	绿	红	紫味红
红	黄	绿味黄	绿	橙	红味橙
红	绿	蓝味绿	绿	黄	橙味黄
红	蓝	绿味蓝	绿	蓝	紫味蓝
橙	紫	蓝味紫	绿	紫	红味紫
橙	红	紫味红	蓝	红	橙味红
橙	黄	绿味黄	蓝	橙	黄味橙
橙	绿	蓝味绿	蓝	黄	橙味黄
橙	紫	蓝味紫	蓝	绿	黄味绿
橙	蓝	紫味蓝	蓝	紫	红味紫
黄	红	紫味红	紫	红	橙味红
黄	橙	红味橙	紫	橙	黄味橙
黄	绿	蓝味绿	紫	黄	绿味黄
黄	蓝	紫味蓝	紫	绿	黄味绿
黄	紫	蓝味紫	紫	蓝	绿味蓝

（五）　色彩的前进感与后退感

色彩的前进感与后退感是色彩设计者感兴趣的问题。从生理学上讲，人眼晶状体的调节作用对距离的变化是非常精密和灵敏的，但是它总有一定的限度，对于波长微小的差异就无法正确调节。眼睛在同一距离观察不同波长的色彩时，波长长的暖色，如红、橙等色，在视网膜上形成内侧影像；波长短的冷色，如蓝、紫等色，则在视网膜上形成外侧影像，因此，暖色好像在前进，冷色好像在后退。

色彩的前进感与后退感除与波长有关外，还与色彩对比的知觉度有关。凡对比度强的色彩具有前进感，对比度弱的色彩具有后退感；膨胀的色彩具有前进感，收缩的色彩具有后退感；明快的色彩具有前进感，暧昧的色彩具有后退感；高纯度色彩具有前进感，低纯度色彩具有后退感。在纺织品设计中，可以利用色彩的前进感与后退感形成的距离错视原理，来增加织物的立体感、层次感。

（六） 色彩的膨胀感与收缩感

据说法兰西国旗一开始是由面积完全相等的红、白、蓝三色制成的，但是旗帜升到空中后，感觉三色的面积并不相等，于是召集有关色彩专家进行专门研究，最后把三色的比例进行了调整，才感觉到面积相等。这就是由于不同色彩的膨胀和收缩感的不同而产生的面积错视现象。

当各种不同波长的光同时通过水晶体时，聚集点并不完全在视网膜的一个平面上，因此，视网膜上的影像的清晰度就有一定的差别。长波长的暖色影像在视网膜后方，焦距不准确，因此，在视网膜上所形成的影像模糊不清，具有一种扩散性；而短波长的冷色影像就比较清晰，似乎具有某种收缩性。所以，我们平时在凝视红色的时候，时间长了会产生眩晕现象。如果我们改看青色，就没有这种现象了。如果我们将红色与蓝色对照着看，由于色彩同时对比的作用，其面积错视现象就会更加明显。

色彩的膨胀感与收缩感不仅与波长有关，还与明度有关。明度高有扩张、膨胀感；明度低有收缩感。有光亮物体在视网膜上所形成影像的轮廓外似乎有一圈光圈围绕着。使物体在视网膜上的影像轮廓扩大了，看起来就觉得比实物大一些，如通电发亮的电灯的钨丝比通电前的钨丝似乎要粗得多，生理物理学上称这种现象为“光渗”现象。歌德在《论颜色的科学》一文中指出：“黑白两个圆点面积同样大小，在白色背景上的黑圆点比黑色背景上的白圆点要小 1/5”。同样，日出和日落时。地平线上仿佛出现一个凹陷处．这也是光渗作用而引起的视觉现象。

宽度相同的印花黑白条纹布，感觉上白条子总比黑条子宽；同样大小的黑白方格。白方格要比黑方格略大一些，这也是因为明度不同，色彩的膨胀与收缩感不同的道理，如图 2-3 所示。

图 2-3 黑白图样

（七） 纺织品色彩的心理效应

在人类发展的漫长岁月里，人们无时无刻不与色彩打交道。色彩作为自然界的客观存在，本身是不具有思想感情的，但是，在人类认识和改造客观世界的过程中，自然景物的色彩逐步给人造成了一定的心理影响，使人产生了冷暖、远近、轻重等感受，并由色彩产生了种种联想，例如，从红色联想到火焰，从蓝色联想到大海，这种联想便产生了明确的概念，使人对不同色彩产生了不同感觉。总之，我们看到的色彩，是光线的一部分经有色物体反射刺激我们的眼睛，在头脑中所产生的一种反映。

1. 色彩种类与心理效应

不同色彩会引起人们情绪、精神、行为等一系列心理反应，表现出不同的好恶。这种心理反应，常常是因人们生活经验、利害关系以及由色彩引起的联想造成的，此外，也和人的年龄、性格、素养、民族、生活习惯分不开，在进行家用纺织品设计是要考虑不同色彩的心理效应。

（1）红色

在可见光谱中，红色波长最长，在视觉上给人以紧张感和扩张感。红色是热烈、冲动、强有力的色彩，它能增强肌肉的机能，使血液循环加快。由于红色容易引起注意，所以被各种媒体中广泛应用。大红色一般比较醒目，如红旗；浅红色一般较为温柔、幼嫩，如新房的布置等；深红色一般用于衬托，有比较深沉、热烈的感觉。红色与浅黄色最为匹配，与奶黄色、灰色为中性搭配。

（2）橙色

在可见光谱中，橙色的波长仅次于红色。橙色是欢快活泼的光辉色彩，是暖色系中最温暖的色，它使人联想到金色的秋天、丰硕的果实，是一种富足、快乐而幸福的颜色。橙色稍稍混入黑色或白色，会变成一种稳重、含蓄又明快的暖色。橙色也可作为喜庆的颜色和富贵色，如皇宫里的许多装饰。橙色可作餐厅的布置色，据说在餐厅里多用橙色可以增加食欲。

（3）黄色

在可见光谱中，黄色的波长居中，但它是色彩中最明亮的色。黄色具有灿烂、辉煌、太阳般的光辉，象征着照亮黑暗的智慧之光。黄色有着金色的光芒，象征着财富和权利，它是骄傲的色彩。黄色与绿色相配，显得很有朝气，有活力；黄色与蓝色相配，显得美丽、清新；淡黄色与深黄色相配，显得较为高雅。

（4）绿色

绿色的波长居中。绿色所传达的是清爽、理想、希望、生长的意象，鲜艳的绿色是一种非常美丽、优雅的颜色，它生机勃勃，象征着旺盛的生命力。绿色宽容、大度，几乎能容纳所有的颜色。绿色的用途极为广阔，无论是童年、青年、中年还是老年，使用绿色决不失其活泼、大方。绿色中掺入黄色为黄绿色，它单纯、年轻；绿色中掺入蓝色为蓝绿色，它清秀、豁达。含灰的绿色是一种宁静、平和的色彩，就像暮色中的森林或晨雾中的田野。深绿色和浅绿色相配有一种和谐、安宁的感觉；绿色与白色相配，显得很年轻；浅绿色与黑色相配，显得美丽、大方。绿色与浅红色相配，象征着春天的到来。

（5）紫色

紫色是波长最短的可见光波。紫色是非知觉色，它在视觉上的知觉度很低，是色相中最暗的色。紫色美丽而又神秘，显得安静、孤独、高贵，能给人深刻的印象。紫色处于冷暖之间游离不定的状态，加上它明度低的性质，构成了这一色彩心理上的消极感。靠近红的紫色富有威胁性，又富有鼓舞性。与黄色不同，紫色不能容纳许多色彩，但它可以容纳许多淡化的层次，一个暗的纯紫色只要加入少量的白色，就会成为十分优美、柔和的色彩。随着白色的不断加入，产生出许多层次的淡紫色，而每一层次的淡紫色，都显得柔美、动人。

（6）蓝色

在可见光谱中，蓝色光的波长短于绿色光，而比紫色光略长些，其穿透空气时形成的折射角度大，在空气中辐射的直线距离短。蓝色是博大的色彩，天空和大海都呈蔚蓝色。蓝色是永恒的象征，它是最冷的色彩。纯净的蓝色能表现出美丽、文静、理智、安详与洁净。蓝色的用途很广，蓝色可以安定情绪，天蓝色可用作夏日的衣饰、窗帘等。不同的蓝色与白色相配，能表现出明朗、清爽与洁净；蓝色与黄色相配，对比度大，较为明快；大块的蓝色一般不与绿色相配，它们只能互相掺入，变成蓝绿色、湖蓝色或青色，也是令人沉醉的颜色；浅蓝色与黑色相配，显得庄重、老成、有修养；深蓝色不能与深红色、紫红色、深棕色、黑色相配，因为这样既无对比度，也无明快度，给人不干净的感觉。

（7）白色

白色是全部可见光均匀混合而成的，称为全色光，是光明的象征色。白色明亮、干净、畅快、朴素、雅致、贞洁。白色具有它固有的感情特征，既不刺激，也不沉默，通常需和其他色彩搭配使用，纯白色会带给别人寒冷、严峻的感觉，所以在使用白色时，都会掺一些其他色彩，如象牙白、米白、乳白等。在家用纺织品用色中，白色是永远流行的主要色，可以和任何颜色做搭配。

（8）黑色

从理论上看，黑色即无光、无色之色。在生活中，只要光明或物体反射光的能力弱，都会呈现出黑色的面貌。黑色对人们的心理影响可分为两大类，首先是消极类，例如漆黑之夜及漆黑的地方，人们会有失去方向、失去办法和阴森、恐怖、烦恼、忧伤、消极、沉睡、悲痛，甚至死亡等印象。在欧美，都把黑色视为丧色。其次是积极类，黑色能使人得到休息、安静、深思，显得严肃、庄重、坚毅。黑色与其他色彩组合时，是极好的衬托色，可以充分显示它的光感与色感。黑白组合，光感最强、最朴素、最分明。在纺织品的色彩设计中常用到黑、白对比，以产生清晰、和谐的效果。

（9）灰色

灰色是黑白的中间色，浅灰色的性格类似白色，深灰色的性格接近黑色。纯净的中灰色稳定而雅致，表现出谦恭、和平、中庸、温顺和模棱两可的性格。它能与任何色彩合作，任何色彩掺入灰色成含灰调时都能变得含蓄而文静。很多高档家用纺织品常常用浅灰色作背景，以衬托出各种色彩的性格与情调。

（10）金属色

金属色也称光泽色，主要指金色和银色。金银色是色彩中最为高贵华丽的色，给人以富丽堂皇之感，象征权力和富有。金属色能与所有色彩协调配合，并能增添色彩之辉煌。金色偏暖，银色偏冷；金色华丽，银色高雅。金色是古代帝王的奢侈装饰，金色宫殿、金色龙袍、金色寝具、金色餐具等象征帝王至高无上的尊严和权威。金色也是佛教的色彩，象征佛法的光辉以及超世脱俗的境界。

2. 色彩组合与心理效应

人们除了对单独的一种色彩产生上述的心理效应之外，还会对色彩组合产生冷暖、轻重、华丽与朴实等一系列的心理效应。

（1）色彩的冷暖感

色彩本身并无冷暖的区分，冷和暖是人们触摸东西后产生的感觉，而颜色则是用眼睛看的视觉效果，生活经验告诉我们，色彩是有冷暖感的。色彩的这种冷暖感，是人类从长期生活感受中取得的经验：红、橙、黄像火焰，像日出，像血液，给人以暖和感；绿、蓝、蓝绿，像湖水，像海洋，像冰川，像月光，给人以凉爽感。如果仍用专业术语来解释色彩的冷和暖，可以得出以下结论：从色相上看，红、橙、黄等暖色系给人以暖和感，相反，绿、蓝、蓝绿等冷色系给人以凉爽感；在纯度上，纯度越高的色彩越趋暖和感，而明度越高的色彩越有凉爽感，明度低的色彩则有暖和感。无彩色总的来说是冷的，黑色则呈中性。

对色彩的冷暖感，日本木村俊夫曾做过这样一个实验：在两只烧杯内分别盛满同样温度的红色和青色的热水，让被测验者一面看着烧杯，一面将左右手分别放入水中，在回答两个热水的温度时，被测验者会说红的热水温度比青色热水温度高。可见冷暖感原是由皮肤的触觉引起的，但却作用在视觉心理反应。各种色相支配皮肤冷暖感觉的顺序是：红、橙、黄、绿、紫、黑、青、白。在家用纺织品设计上，色彩的冷暖感具有重要的意义，冬天的暖色调给人以温暖感，夏天的冷色调给人以凉爽感。

（2）色彩的轻重感

色彩可以改变物体的轻重感，色彩轻重的视觉心理感受与明度有直接的关系，这种感觉方式也很清晰。明度高的色彩给人以轻的感觉，明度低的色彩给人以重的感觉。如图 2-4 所示，两个体积、质量相等的皮箱，分别涂以黑色、白色，然后用手提、目测两种方法判断木箱的质量。结果发现，仅凭目测难以对质量做出准确的判断，可是利用木箱的颜色却能够得到轻重的感觉：浅色密度小，有一种向外扩散的感觉，给人质量轻的感觉；深色密度大，给人一种内聚感，从而产生质量重的感觉。

色彩的轻重感在人们的日常生活中普遍应用。如冰箱是白色的，不仅让人感到清洁、美观，也让人感到轻巧些；保险柜、保险箱都漆成深绿色、深灰色，可能它们的质量和冰箱差不多，但看上去却要比冰箱重得多，给人们一种安全感。在纺织面料的色彩中也是同理，浅色能给人轻盈感，深色则给人厚重感。

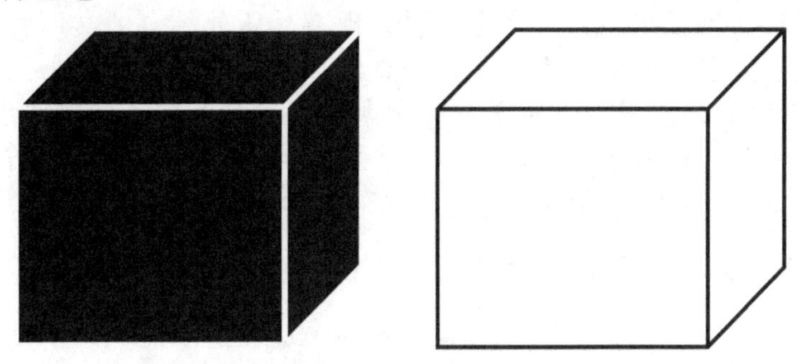

图 2-4　黑白手提箱对比

（3）色彩的华丽与朴实

色彩可以给人以富丽辉煌的华美感，也可以给人以质朴感。一般认为，同一色相的色彩，纯度越高，色彩越华丽；纯度越低，色彩越朴实。除了纯度外，明度的变化也会产生这种感觉，明度高的色即使纯度较低也给人艳丽的感觉。所以，色彩的华丽、朴实与否，主要取决于色彩的纯度和明度。高纯度、高明度的色彩显得华丽。

从色彩组合上说，色彩多且鲜艳、明亮，则呈现华丽感；色彩少且混浊、深暗则成质朴感。色彩的华丽和质朴与对比度也有很大的关系，对比强烈的组合有华丽感；对比弱的组合有质朴感。因此，对比是决定色彩华丽与朴实的重要条件。此外，色彩的华丽与质朴与心理因素相关，华丽的色彩一般和动态、快活的感情关系密切朴实与静态的抑郁感情紧密相联。

（4）色彩的兴奋与沉静感

明亮、艳丽、温暖的色彩能使人的血压升高，血液循环加速，使人兴奋；深暗、混浊、寒冷的色彩，能降低人的血压，减慢血液循环，使人安静。能引起人们精神振奋的颜色（如红、橙、黄等）属于“兴奋色”。我国的节日爱用红色装扮，让人看着感到高兴，觉得喜庆。如果在这种场合，穿一身蓝衣服、黑衣服或一身白衣服，都会让人感到不舒服、不协调。蓝、蓝绿等颜色让人感到安静，甚至让人感到有点寂寞，这种颜色就被称为“沉静色”。从色彩的明度上看，高明度色会产生兴奋感；中、低明度则有沉静感。纯度对兴奋与沉静的心理效应影响最显著，纯度越低，沉静感越强；反之，纯度越高，兴奋感越强。

七、 纺织品色彩的历史发展

纺织品的色彩在某种意义上可以体现产品所处社会的文明程度。自古以来，中华民族对美的追求就从未停歇过，我们的祖先从大自然接受美的洗礼，又将他们的感受通过勤劳的双手融入到各种各样不同的纺织品当中，所以我们便有了艳丽多彩的服饰以及多种色彩的装饰纺织品。纺织品除了能满足人们对于织物功能上的需求，在精神上还能带给人们美的享受。

（一） 纺织品色彩源于服装色彩

纺织品色彩最早是来源于服装色彩的。这在纺织品色彩的发展中起到了非常大的作用。早在原始社会，人们身披兽皮、树叶以御寒遮体，同时佩戴鲜艳的羽毛和贝壳进行色彩装饰。进入奴隶社会和封建社会后，服装色彩不仅具有实用及审美功能，更是贵贱和等级的象征。在我国，周代由于礼制，冠服制度的发展逐渐完备，在不同场合及不同的活动中，天子、诸侯、大夫等等级上分开的人通过不同颜色的服装来区别身份上的高低。例如：统治者在进行祭天时，服色为青；祭祖时，服色为玄；祭丧时，服色为黄绿。汉代还出现了“五时服色”，即立春日，百官去东郊迎春穿着青色服装；立夏日，百官去南郊迎夏，穿着红色服装；立秋前 18 日祭皇帝后土，服饰为黄色；立秋日，百官去西郊迎秋，穿着白色服装；立冬日，百官去北郊迎冬，穿着黑色服装。唐代开始以袍衫的颜色区别官员等级，除了皇帝可以穿黄色服装外，其他人不准穿着。在中国历代的服装色彩中，黄色始终是权力的象征，是帝王家族专用的颜色，而红色和紫色则是权贵们的服装色彩。随着社会的发展，人类文明进入了新的历史阶段，不再受封建意识的禁锢，冲破了服装色彩严格的等级观念，开始追求个性化的服装色彩搭配，而纺织技术的进步和有机化学的不断发展，也为人们追求新颖、时髦提供了物质基础。

（二）　中国历代纺织品色彩演变

据史料记载，我们的祖先在新石器时代的仰韶文化时期（约公元前 5000 年)，就会将麻捻成线织出布来，而且会给麻布染色。从那时起，纺织品及其色彩就伴随着中国人的服装和其它生活用品，伴随着劳动人民的聪明才智，伴随着社会的发展和科技的进步，走过了七千多年漫长的历程。毋庸置疑，我们祖先创造的历代纺织品在素材、织造、纹样、色彩等方面都积累了极为丰富的经验和学识。

我国的纺织技术很早就开始萌芽，原始社会末期的新石器时代，中华大地上勤劳的人们就已经学会了非常原始的纺织技术，能赋予织物色彩的是染色工艺。我国考古发现的最早的纺织品，是原始社会新石器时代仰韶文化时期(公元前 1 万年—公元前 4 千年)的一块麻布片(陕西华县出土)，而且这块麻布片是朱红色的。

西周时期(公元前 11 世纪—公元前 771 年)，纺织品色彩在文献中已有很多记载，其主要用色是:黑、白、红、黄、绿、兰等。

春秋战国时期(公元前 770 年—公元前 221 年)的出土文物中，纺织品用色开始出现间色，如 1982 年 1 月湖北江陵马山出土大批战国时期的丝织品，色彩纹样丰富多彩，有深蓝、棕绿、灰绿、蛋青、紫红、深褐、金黄、粉黄、朱红、黑等等。染色除了石染和草染，还包括套染和媒染。但是，无论染料和染色方法是如何运用的，上衣的染色必须染成青、赤、白、黑、黄这五方正色；下衣要染成青黄之间的绿、赤白之间的红、青白之间的碧、赤黑之间的紫、黄黑之间的骝黄这五方间色。这主要是用色彩来区别贵贱并赋予纺织品以艺术美感。

秦汉时期(公元前206年—220年)，已经有凸版彩色套印的印花纱和经过多次套染与媒染而成的织物。从文字上看，“青”、“蓝”源于用植物染料染色，青色是从蓝草中提炼出来的，却比蓝草的颜色更浓重。如果没有古代的植物染料染色，也就没有“青出于蓝而胜于蓝”这句脍炙人口的成语。从汉代起，传统纺织品的彩色色谱就开始齐全，据东汉许慎《说文》第十三中解说丝帛的颜色，就有青色系、绿色系、红色系等多种。

唐代(618年—907年)是我国封建社会的鼎盛时期，其纺织品色彩在汉代的基础上，更加丰富多变。1973年在新疆吐鲁番阿斯塔那出土的唐朝绛丝带，织有色彩丰富的几何纹样，配色中又增加了桔黄、中黄、黄棕、白等色彩。

北宋(960年—1127年)的绛丝织纹中，青绿色系十分丰富，而且以藏青、浅蓝、月白、土黄、浅黄、淡黄、翠绿、深绿、浅草绿等色配成了具有立体效果的退晕纹样。

元代(1271年—1366年)出土丝绸的色彩更是五彩缤纷，元代幼学启蒙读物《碎金·彩色篇》就记载着纺织品色彩档案。

明代(1368年—1644年)创造的织金妆花缎举世闻名，1961年在北京寺庙佛藏里发现了一块妆花缎蟒袦料，是一块根据衣服款式织成的匹料。此妆花缎以绿色作地，其上有大红、粉红、木红、酱色、石青、灰绿、艾绿、绿、蓝绿、普兰、宝蓝、月白、雪青、藕荷、鹅黄、香色、明黄、白、圆金等二十多种色彩。由于采用了真金丝线，加之用色异常丰富，妆花缎效果极为富丽堂皇。

清朝(1644年—1911年)的纺织品在历代用色的基础上又有了很大的发展，单从朝廷文武官员服装上的“补子”来看，色彩就可说是一应俱全。

（三） 纺织品色彩与织物纹样发展

色彩运用与织物纹样的发展是分不开的，它使织物色彩具有了更丰富的变化和内涵。纹样变化也是由简单到复杂逐渐发展的。在殷商时期，织物纹样一般为几何形，如菱形纹、回型纹等，造型简朴大方；春秋时期，开始出现了图案化的鸟兽纹；汉代的提花织布机能够织出复杂变化的花纹，织物纹样题材和风格更加多样化；秦汉时期，在几何形的基础上大量采用了龙、凤、孔雀、鸟兽等动物纹样，葡萄、荔枝、灵芝、花卉等植物纹样，山水、云纹等景物纹样，“益寿延年”、“长乐光明”等吉祥文字纹样，还有菱形纹、回型纹等几何纹样。唐代发明的纬线提花织锦技术使锦纹配色图案更加丰富多彩。隋唐时期的花色纹样十分丰富，以布局均衡见长，流行雁衔绶带、鹊衔瑞草、缠枝、团花、小朵花、小簇花等新颖的纹样。北宋时仅彩锦就有四十多种，到南宋时达到百余种，并生产出在缎纹底上织花的织锦缎，即“锦上添花”。当时，孔雀罗、菊花罗、满园春罗、云纹罗等都很名贵。写生折枝式的“生色花”纹样成为后来丝绸产品的主要纹样形式。明代丝织衔花色繁多，取材广泛，花草树木、鱼虫蜂螂皆入画面，这说明纺织品图案具有了相当的水平。

绚丽多彩的纺织品，以其丰富的品种分布于社会的各个领域，除了用于衣着服饰外，还用于室内环境装饰。纺织品在古代主要用来炫耀皇亲贵胄们尊贵的皇宫和府邸。它的历史可以追溯到殷周时代，如作宫廷豪宅的装饰壁布。隋炀帝甚至以丝帛锦卷制成绫花绸叶缀满枝头，用彩锦制作风帆。现今，我们仍可以在故宫中欣赏到殿堂、厅堂、寝室、厢房等建筑内装有极具中华气派、品种齐全、色彩各异、构思新奇、做工精巧的各种装饰纺织品，它们体现了中国纺织品的历史价值。

八、　家用纺织品色彩设计

家用纺织品能够通过精湛的加工工艺以及搭配设计精巧的色彩带给人美的享受，在织物上体现色彩一般通过染色和印花工艺，还可以将色纱混织，不同颜色的纤维原料混合纺纱，从而调和出各种优美的图案。家用纺织品的色彩表现包括色彩、图案、纹理等内容，在产品设计开发时，除了面料的功能以外，必须设计出相应美观的花色。家用纺织品的特点之一是具有强烈的美观要求和装饰要求，设计成功的家用纺织品可以说是一件艺术品，它要求用色协调、布局合理、线条流畅、造型优美、构思奇巧、风格别致，使人在使用过程中能获得美的享受。

家用纺织品色彩具有各种特定功能。首先，它具有自然性、社会性和科学性，能体现人的精神，影响人的感情，所以，不同的场合纺织品用色不同。色彩本身又是一种物理现象，不同色彩能使人产生不同的感觉，如轻重、远近、冷暖、动静等。因此，要根据用途合理选择用色。家用纺织品的色彩还能明显地反映出民族特点和风俗习惯，因此，色彩运用恰当与否，与产品的多样化、个性化，能否畅销有密切关系。色彩的应用还与室内环境密切相关，它必须与环境协调一致，不同的环境和场合要选择不同的色彩。在家用纺织品中，色彩的使用常常不是单一的，而是将多种颜色组合在一起，必须考虑配色的协调性。

家用纺织品色彩设计必须与使用者的生理、心理发生关系，才会有美感产生。家用纺织品的色彩美既是一个关系范畴，又是一个变化着的范畴，必然随着时代而“标新”与“立异”，追求美的多样性、丰富性。家用纺织品色彩设计同时需要考虑与纺织面料的关系，注重感性设计和整体设计，家用纺织品的色彩设计还是一个环境设计范畴，只有与自然环境、室内环境、社会环境融合共生才能实现其创新价值。

第二节　家用纺织品色彩与面料的关系

一、纺织品色彩与面料材质的关系

面料是表现纺织品色彩的载体，相同色彩在不同的纺织面料上显示不同的色感和风格，有的亮丽华贵，有的柔和自然，有的粗犷质朴，有的厚实稳重。这些不同表现与面料的原料特点、染色性能、组织结构、织物风格等有很大关系。在进行纺织品色彩设计时，要了解纺织品的原料特点、结构、质地和肌理，研究色彩表现风格等方面对色彩的影响以及着色后的视觉感受。

（一）纺织材料的影响因素

1. 纤维的形态

不同的纤维具有不同的截面形状和表面形态，其面料对光的反射、吸收、透射程度各不相同，影响了织物的色彩感觉。面料对光的反射强，织物表面色彩明亮，如化纤织物；面料对光的反射弱，织物表面色彩柔和，如棉织物。再比如，同样色彩的棉布，经丝光处理后，纤维截面圆润、饱满，增强了对色光反射的能力，织物感觉鲜艳、亮丽，而未经丝光处理的织物，色彩鲜艳度低些，感觉淳朴、自然。

羊毛与蚕丝对光线的反射均比较柔和，但色光是完全不同的。丝纤维为长丝，截面呈三角形，反光性好，色谱齐全，一般比较亮丽，但无极光，不刺目；羊毛纤维由于表面鳞片的作用，对色光反射柔和，色彩感觉典雅、大方，有的品种（如贡呢类产品或长顺毛产品），织物表面存在较长的浮长线或顺伏状纤维，反光性好，有膘光，色感高贵而舒适。所以，有经验的人，根据织物表面的色光就可以较准确地判断出织物的原料组成。

化学纤维除了常规纤维外，还生产出各种新型纤维，截面和表面形态可以人为赋予,根据天然纤维的不同色感进行设计,以达到化纤仿真的目的。

2. 纱线结构的变化

纱线采用单纱或股线，它的粗细、捻度、捻向等结构的变化会影响织物表面色光的变化。一般来说，股线由于条干均匀，纱线中纤维排列较整齐，表面毛羽少，光洁，所以光泽比单纱要好。在不影响纱线强力的条件下，捻度应适中。捻度过小，纱线较粗，影响织物表面的细洁程度，使光泽下降；而由强捻纱织成的织物，由于整理后纱线有退捻的趋势而发生一定程度的扭曲，使织物表面有轻微的凹凸感，对光线形成漫反射，光泽较差。

（1）纱线粗细对光泽的影响：纱线的粗细不同，色光效果也不同。比如同样是棉织物，染色工艺相同，但高支棉布与低支棉布的色光完全不同，前者细腻、光滑，色彩鲜艳；后者粗糙、厚重，色彩暗淡、朴素。这是因为高支棉品质好，纤维长. 纤维束整齐，纱线表面光洁，反光均匀，上色好，因此色感纯正、艳丽；而低支棉纤维短，纱线表面毛羽多，对光呈漫反射，因而色彩质朴、自然。

（2）纱线捻向对光泽的影响：纱线的捻向对光泽也有较大的影响。S 捻向与 Z 捻向的纱线对光线的反射情况不同，利用这种现象，在织物设计时，可将 S 捻纱与 Z 捻纱作经、纬纱并按一定比例相间排列，得到隐条、隐格织物。

3. 经纬纱捻向的配置

当经纬纱采用不同捻向配置时，如图 2-5（a）所示，当经纱为 S 捻，纬纱为 Z 捻时，织物经纬纱的纤维排列方向一致，织物表面光泽好；在经纬纱相交处，由于纤维的排列方向相反，经纬纱不能紧密接触，因而织物显得厚实，手感柔软，染色性好。反之，如图 2-5（b）所示，当经纬纱采用同捻向配置时，如经纱为 S 捻，纬纱也为 S 捻，织物表面经纬纱的纤维排列方向不同，织物表面光线柔和；而在经纬纱相交处，纤维的排列方向一致，纤维能相互嵌入，使织物较紧密，手感较硬，染色性却稍差。

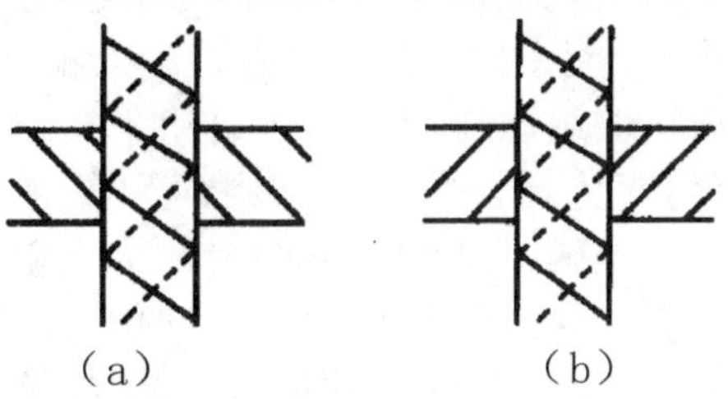

图 2-5 经纬纱捻向配置

在设计斜纹织物时，经纬纱的捻向与斜纹线的方向应合理配置。当斜纹倾斜方向与构成斜纹纹路的纱线捻向不同时，纹路较清晰。因此，对于经面斜纹来讲，织右斜纹时，经纱宜采用 S 捻；织左斜纹时，经纱宜采用 Z 捻。纬面斜纹与之相反。而同面斜纹，应根据织物表面占优势的纱线捻向确定。

（二） 影响面料质地的因素

面料质地是通过原料质地和组织结构来体现的。原料不同，形成织物的风格不同；组织结构不同，织物表现的肌理感觉不同，原料和组织结构共同构成了织物的外观和手感，即面料的质感。

面料的色彩与质地紧密相关。由于原料和组织结构不同，面料吸收和反射光的能力也不同，面料色彩变化主要体现在色彩的明度和纯度变化上。从色彩的明度来看，表面光滑的织物，因光的反射较强，亮处色彩感觉淡，暗处色彩感觉浓，明度差异较大；反之，对于表面粗糙的织物，色彩浓淡的感觉差异较小。此外，色彩明度的变化也会带来纯度的变化。所以，即使采用同一原料，如光面花呢与绒面花呢，或丝绸与丝绒，其色彩的表现内容也是不同的。从色彩的强弱来看，厚重的面料色彩可强烈些；轻薄的面料色彩可柔和些。有粗犷感的面料，色调可偏淡色；有细致感的面料，色彩适用范围较广。无色彩系与各种面料配置均能体现面料的材质美。

面料组织设计是花色设计的基础，不同的组织，经纬纱的交织规律不同，织物表面经纬浮长线的分布也不同；不同的表面形态，如光洁、凹凸、起毛、皱缩等的变化，使织物表面的纹理不同，其直接影响色彩和光泽，不同组织的织物，对光线的反射不同，织物的质感也不同，使面料产生了不同的审美情趣，它会影响到色彩的明暗、质地的薄厚、结构的松紧等内容。

面料质地除了影响织物色彩外，还会影响视觉和心理感受。

（1）面料表面粗糙而无光泽，即原料与组织配置光泽性差，或组织规律性差，织物表面反光能力弱，色彩稳定，给人稳重、大方、粗犷感，用色较稳重，如麻织物、缩绒织物、牛仔布、粗平布织物等。

（2）面料粗糙而有光泽，即原料与组织配置有光泽，组织有一定规律，织物表面反光能力较强，且色彩不稳定，给人粗糙、织纹清晰感，用色可热烈些，如直贡呢、强捻长丝织物、化纤仿毛织物等。

（3）面料表面细致而无光泽，织物反光能力弱，色彩稳定，给人以质朴、自然感，用色宜柔和些，如细特起绉棉织物、平纹细特毛织物、仿麂皮绒织物、亚麻细布等。

（4）面料细致而有光泽，织物表面反光能力强且色彩不稳定，给人以轻快、光滑、活泼感，用色可鲜艳些，如丝织物中的缎类、棉织物中的府绸、横贡缎等。

此外，织物的色彩设计还要将面料材质和具体用途综合起来考虑。如冬季使用厚型织物，色彩以中深色为主；夏季使用薄型织物，以中浅色为主；高档织物配色要沉着、典雅，一般不用原色；青少年及童装面料对档次要求不高，而要体现明快、活泼的特点，宜采用较鲜艳的色彩。有时为了体现特殊的设计风格和意图，也采用打破常规的设计方法，应具体问题具体分析，灵活掌握。

（三）　面料风格与其着色后的视觉感受

1. 面料风格

（1）外观风格：如轻飘感、细洁感、粗犷感、光泽感、悬垂感等。

（2）材质风格：如轻重感、厚薄感、软硬感、疏密感、毛绒感、光滑感、粗细感、凹凸感、透明感、蓬松感、褶皱感等。

（3）仿生风格：如仿毛、仿丝、仿麻、仿革等。

（4）手感风格：如刚柔感、滑爽感、滑糯感、冷暖感、挺括感、丰厚感等。

织物使用的原料和组织结构等因素不同，其外观和材质风格就不同，着色后的视觉感受也就不同。

2. 原料风格

从使用的原料上看，棉织物着色后，色牢度较高，色彩丰富，除给人仿丝绸风格的设计外，一般会给人自然、朴实、舒适、色泽较稳重之感。麻织物具有淡雅、柔和的光泽，由于具有优良的热湿交换性能，常作夏季面料，所以色彩一般较浅淡，给人凉爽、自然、挺括、粗犷之感。毛织物主要分两大类，即精纺织物和粗纺织物，色彩花型根据品种大类而变化，用色力求稳重，常采用中性色，明度、彩度不宜过高，总体上看。色彩给人温暖、庄重、大方、典雅之感，色彩较深沉、含蓄，即使是女装和童装的鲜艳色，色光也十分柔和。丝织物具有珍珠般的光泽，薄型织物光滑、轻薄、柔软、细腻，色彩给人以轻盈、华丽、精致、高贵之感，用色要高雅、艳丽而柔美，一般明度和彩度较高。中厚型的锦类、呢类、绒类等给人以华贵、高雅感。化纤织物着色后色彩丰富，根据仿生风格的要求，其色彩也变化多端。针织物表面存在线圈，有起绒感，无论采用鲜艳色还是稳重色，均感觉较柔和。

3. 色相

色相的选择与面料的风格也有很大关系，不同面料的配色要与其风格相适应。如要体现织物的柔美、轻飘感，应配较浅的色彩；如要体现毛绒感、蓬松感，色彩纯度要降低；如要体现滑糯感、温暖感，色彩宜采用偏暖色调；要体现深沉、丰厚感，可选用较深色调。反之，同一色彩应用于不同面料时表现的风格也不同。如同一种黑色，中厚型织物的大衣呢、单面花呢等感觉温暖、庄重；薄型织物的乔其纱、双绉则感觉轻柔、飘逸；光滑的细洁织物，如府绸、贡缎、真丝缎等感觉华丽、富贵；粗犷的织物，如麻纱、水洗布、牛仔布等感觉古朴、自然；薄型的凹凸织物，如绉纱、真丝绉则感觉高贵、典雅；而中厚型的凹凸织物则有立体感和浮雕感。

二、纺织品色彩与面料花纹图案的关系

（一）花纹图案的形成及种类

面料的花纹图案与色彩也有很重要的关系。对面料的色彩处理有漂白、染色、印花、色织等方法，分别得到漂白织物及各种平素色织物和扎染、蜡染、印花、条格、小提花、大提花等织物。花色的形成与织物组织和着色加工有关，具有花型图案的织物有三种：一是织物采用一种组织，而在经纱或纬纱中，或经纬纱同时配置两种或两种以上的不同色彩，以产生各种图案；二是经纬纱为一种颜色，但采用不同的组织或印染工艺，以产生各种图案；三是织物既采用多种组织，又采用不同色纱排列，以形成各种图案。漂白和染色织物大部分采用同一种组织（如平纹、斜纹等）织造，织物是素色的，但当采用各种小提花组织时，织物表面会呈现由组织形成的花纹图案，这时，组织起主导作用。印花织物主要依靠各种印花方法和色彩在织物表面形成花型图案，这时，花型起主导作用。色织物可以是色彩起主导作用，如条格花型，也可以是组织起主导作用，如提花花型，还可以是组织与色彩同时起作用，如配色花纹图案。除漂白、染色织物外，大部分面料表面花型的色泽和图案清晰明显，可见花色的变化是面料设计的关键因素，不同花色的面料会产生不同的审美情趣。

多彩的花型分为具象写实纹样、抽象几何纹样和各种纹理效果的纹样三种。写实纹样多为印花或大提花织物；几何纹样除此以外，还可以采用色织小提花的方法形成。面料的花型纹样有几种配置方式，即大花型、小花型，满地花、清地花。大花型面料包括大花、点、条、格型，具有热情奔放的情感；小花型包括小花、点、细条、格型，具有文雅、细巧、柔美的情感；满地花面料花型丰富多彩，有热烈、亲切之感，常用于中低档面料的设计；清地花面料素中有花，花地结合，花型细巧，有轻柔、理性之感，常用于中高档面料的设计。纹理的设计非常灵活，主要取材于自然现象、动植物及各种材料（如石材、金属、皮革、羽毛等），通过绘制、组织织纹、特种结构的纱线、各种印染后处理等方法设计。

（二）　花纹图案的配色及应用

花型配色有两种情况，一是色彩数量的变化，即花型采用一套色、两套色至多套色，色彩多，则热烈、活泼；色彩少，则冷静、文雅。二是色彩属性的变化，如对比色的配色，面料具有较强烈的视觉效果；同类色或类似色的配色，面料具有温和、平静的视觉效果；明度高的配色，显得明快、亮丽；明度低的配色，显得深沉、庄重；暖色调的配色显得温暖、热烈；冷色调的配色显得凉爽、冷静。

无论采用何种花型和色彩搭配，都要考虑主辅色调的问题。一般情况下，当面料花纹的面积小，而地部大时，以地色为主色调；当花纹面积大，地部少时，以花色为主色调。主色采用流行色，其色相和色光是设计的关键，辅色设计要与主色配合，点缀色用于协调花型，可用类似色或中性色，如灰色、蓝色搭配蓝绿色；驼色、咖啡色搭配红色、棕色；稳重花型搭配深暗色，活泼花型搭配浅淡色和鲜艳色等。

各种面料的纹样具有各种感情特征，应用于不同的场合、地区、民族、人群、文化背景等。比如丝织物中的缎类，常采用写实纹样的大花型，线条优美、流畅，花型生动、多变，织物具有明亮的光泽和柔滑的手感，可做旗袍、被面等，富有中国传统面料的特点；运用多种色彩花卉图案的丝绸印花面料，可做女式服装，感觉美丽轻柔，飘逸动人；薄型印花棉织物中较小花型的织物可做裙子、衬衣等，配色以柔和、淡雅为主；如果做童装，色泽可选鲜艳色，体现活泼、好动的特点；大花型织物可做装饰面料，根据具体用途配以色彩变化，感觉或活泼可爱、或温馨舒适、或素雅大方；独具特色的扎染、蜡染面料做衣服用或装饰织物极富民族特色；几何图案变化丰富多彩，感觉浪漫、抽象，富有装饰效果，应用更加广泛。

总之，面料的原料、组织、花型、色彩等构成了不同的花型性格，纹样色彩的明快与沉静、粗犷与精细、质朴与华丽等风格变化，给面料设计带来了丰富的素材，巧妙地运用这些特点，能使色彩、花型更好地服务于织物的应用。

第三节　家用纺织品色彩的配置

一、组织品种对色彩的制约性

（一）织物品种对色彩要求

新品种设计时，首先要考虑其用途、对象和销售地区等问题，这些条件构成一个品种的特点，因此配色时也必须同时考虑这些因素。下面从品种的大类来研究这些问题。

1. 金银线织物的用色

在各种纤维原料中，金银色铝皮的金属色广度最大，因此与它相配的各种色彩其鲜艳度、色彩的饱和度越高越好，任何刺目的线颜色与金属色相配都能协调起来。如雪白和泥金色在一般织锦缎上能与其他各种色彩相配，效果均好。但用于金线织锦缎时，雪白色因鲜艳度低则变成毫无光彩的死灰色，泥金色相接近，效果也不好。在金线织锦缎上配色效果最好的是深色地上配强烈对比的无彩色。由此表现出富丽的东方民族色彩。银色与金皮略有不同，适宜用浅色配成高雅的冷色调。总之，金银线织物有一种高贵感，在配色上要特殊处理。

2. 合成纤维绸的用色

合成纤维绸在国际市场上用途颇广，有作为套装、牛仔裤用料的厚织物，有作为衬衫用料的仿真丝绸的薄织物，也有适合老年妇女衣裤用料的仿粘胶纤维的低档尼龙品种，因此配色上也各有不同。

3. 装饰绸的用色

除衣着用绸外，还有窗帘、床罩、沙发等家具用绸，礼品盒及绘画的裱装用绸和领带、头巾等装饰用绸，其用途不同对色彩的要求也不同。床罩、窗纱宜配舒适轻松的浅色调，厚窗帘及沙发绸宜配中深色，如厚窗帘宜配糙米色、墨绿色等，沙发绸宜配土红，米灰、蓝灰等色，装饰用绸要配古雅的中色调，上面点缀红、蓝、绿等小块面鲜艳色。提花领带绸的配色要根据流行色配置，但一般要求色彩沉着、大方，领带上的装饰花纹用色要明朗，地色大多采用藏青、深咖啡、枣红等。

4. 真丝绸的用色

真丝绸具有柔软，舒适的特点，最适宜衣着用。如用于内衣裤、睡裙时，色彩宜配轻松、明快、恬静的浅色调；用于男女衬衫及连衣裙时，花样和色彩要多变，色彩配置必须考虑另行色的变化。

5. 交织绸的用色

交织绸的品种和用途更广泛，色彩的运用要结合品种的厚薄、档次高低等各种因素来考虑。一般厚织物宜配中、深色，薄织物宜配中、浅色，高档织物的色彩配置要沉着、典雅、少用原色。

（二）　织物组织对色彩的要求

各种不同的织物组织对同一个色彩也会产生不同的明度和色度，例如：大红色在缎纹上呈鲜红，斜纹上呈大红，泥地上次于大红，在平纹上色光更暗一些。因此，配色时必须考虑各种组织影响。

1. 纺织品色彩与经纬密度的关系

经纬色丝在交织之前的颜色是很鲜明的，但是交织之后就会出现色彩没有原色那么鲜明的情况，可能有个别品种的色彩变化会更大，之所以出现这样的结果就是因为经纬密度不同。比较三种织物的色彩：纬三重的织锦缎和古香缎，其纬密分别为 102 根/厘米、78 根/厘米；纬二重的古锦缎，其纬密为 30 根/厘米。这三种织物表现在织物表层的纬密则分别为 34 根/厘米、26 根/厘米、15 根/厘米，显然，色彩在古锦缎上的表现效果最差。

2. 泥地组织的配色

由于泥地组织的经纬浮点呈不规则排列，配色时应根据这一特点采用闪色处理效果较好。从配色实践中可知：配闪色时，经色宜深不宜浅；深色经配深色纬或深色经配中浅色纬，闪色效果一般都较好。反之，浅色经配中深色纬，其闪色效果一般都不好。其原因还是经丝比纬丝细，因此经丝呈现的色光就比纬丝弱，即使经纬同色也是纬亮经暗，所以纬色要在深色经的衬托下闪光效果才好，犹如星星在暗蓝色的夜空中闪光一样。

3. 斜纹组织的配色

绸面上的斜纹组织色泽比较好，其光泽度处于平纹与缎纹之间，虽然处在两种色彩的交织中，但是要比缎纹组织的交接点多，所以如果经纬色差远的话，就会使绸面的色彩模糊不清，降低色纯度。

4. 平纹组织的配色

平纹或变化平纹因经纬交织多，因此对色彩的影响也最大。如单经单纬的平纹组织，经色配蓝，纬色配红织成的绸就闪紫色；经色配蓝，纬色配黄，织成的绸就闪绿色。这是由于两个色彩互相影响的结果。

在平纹色织格子绸上配色时，一定要减少出现横条过亮的出现。因为一般经丝比纬丝细，所以经丝呈现的色光要比纬丝弱，结果产生横条色光过亮的毛病，可以通过在配色时采取经丝色彩的鲜艳度或者增加经密，来加强经丝的色光。

5. 缎纹组织的配色

缎纹组织的特点是色丝在绸面上的浮长比任何组织多，所以色光容易显露。缎纹组织的配色要保持缎面的色纯度，因此与经丝交织成缎面的纬丝其色彩必须与经色接近。

二、 家用纺织品色彩的对比及调和

在纺织品设计配色的过程中，关键是处理好色彩的对比与调和问题。色彩对比给予纺织品以生机和活力；色彩协调则带来柔和与舒适，两者是色彩搭配的两方面，其运用得当会使织物产生动、静、刚、柔、雅、艳、繁、简等多种风格。

（一） 纺织品色彩的对比

对比是十分重要的审美心理法则。艺术家往往通过对比，将自己作品的美奉献给人们。有时单方面地渲染往往不能奏效，通过对比效果才能显示出来。如，有这样两句诗“江碧鸟愈白，山青花亦燃”，江水碧绿衬托出飞鸟的羽毛更加洁白；山色苍翠更使花红得像燃烧的火光一样艳丽。“碧”与“白”相辉映，白愈白得显眼；“青”与“红”竞相争丽，红更红得动人。纺织品的色彩靠对比相互衬托。素色面料给人的视觉只具有色相、明度、纯度的变化，眼睛感觉不到色彩的差别。两个以上色彩处于同一视线内，所获得的视觉则完全不同，这就是由于两个以上色彩并列所产生的色彩差异比较和视觉上的对比。

1. 色相对比

由于色相差异形成的纺织品色彩对比，称为色相对比。色相对比的强弱，决定于色相在色相环上的位置距离。

在色相环中，色相距离15°之内的对比，称为同类色相对比。同类色相配色，色相感单纯、和谐、文静，最容易取得调和的配色，但容易显得单调，可以通过色彩在明度、纯度上的不同变化来进行配色。有时也采用对比色点缀的方法弥补单调感。

在色相环中，色相距离30°左右的对比，称为邻近色相对比；相距60°左右的对比，称为类似色相对比，邻近色相对比与类似色相对比都为近似色组合，所以各色之间有自然相互渗透之处，最大特征是具有明显的统一性，但它又要比同类色相对比丰富、活泼，可稍稍弥补同类色相对比的不足。近似色组合具有统一、协调、单纯、雅致、柔和、耐看等优点。

在色相环中，色相距离在120°左右的对比，称为对比色相对比，相距180°左右的为互补色相对比，对比色和互补色对比称为色相的强对比。对比色对比的色相感要比邻近色对比鲜明、强烈、饱满、丰富，但容易使人兴奋而造成视觉以及精神的疲劳，主要运用在设计儿童类和娱乐场所纺织品中。此外，对比色相对比的组合要有主次，应以某种色彩为主色调，其他色彩作陪衬，切忌平均搭配，还可利用黑、白、灰、银等色来调和。

互补色相对比的色相感要比对比色相对比更完整、更丰富、更强烈、更富有刺激性，给人不安定、不协调、过分刺激和幼稚、原始、粗俗的感觉。最典型的补色组合有红与绿、蓝与橙、黄与紫，都各有特色。在运用补色组合时，也要特别注意主次关系。

2. 明度对比

因色彩的明暗而形成的对比称为明度对比。通常人们把明度对比划分成三类，以9级明度标为例，从黑色到白色分别为低明度、中明度和高明度，低明调是由1～3级的暗色组成，具有沉静、厚重、迟钝、忧郁的感觉；中明调是由4～6级的中明度色组成，具有柔和、甜美、稳定的感觉；高明调是由7～9级的亮色组成，具有优雅、明亮、寒冷、软弱的感觉。任意3级之内为短调，6级以上为长调，其余为中调。

表2-2　明度对比基本类型

类别 分组	名称	比率	特点
高明度区	最长调	1:9	使人感觉强烈、单纯、生硬、锐利、炫目
	高长调	9:8	明暗反差大，给人刺激、明快、积极、活泼、强烈的感觉
	高中调	9:8:5	给人明亮、愉快、清晰、鲜明、安定的感觉
	高短调	9:8:7	使人感觉优雅、柔和、高贵或软弱、朦胧、女性化
中明度区	中长调	4:6:9	使人感觉强硬、稳重中显生动、男性化
	中中调	4:6:8	中对比，使人感觉较丰富
	中短调	4:5；6	使人感觉含蓄、平板、模糊。
低明度区	低长调	1:3:9	使人感觉雄伟、深沉、警惕、有爆发力
	低中调	1:3:6	使人感觉保守、厚重、朴实、男性化
	低短调	1:3:4	使人感觉沉闷、忧郁、神秘、孤寂、恐怖

明度对比的另一种感觉是边界对比，例如深蓝和浅蓝并列，往往感到交界线的深蓝一边显得特别深，浅蓝一边则显得特别浅。这种不同明度色彩相毗邻，交界线两边色彩明度发生的变化现象称为边界对比。在美术设计中为了避免这种现象，往往在两边色彩相接中间加一种过渡色线条。明度对比还表现在，一个深色被一个浅色包围，深色显得更暗，明度更低；相反，浅色被深色包围浅色显得更亮，明度更高。同一种色彩面积越大，明度越高，面积越小，明度越低。

3. 纯度对比

色彩的纯度基调包括低纯度、中纯度和高纯度。纯度对比是指鲜艳色与含灰色之间的对比。鲜艳色与含灰色之间的对比，也有不同的方式，一种是近似纯度的配色。色与色之间的纯度差别不大，所以也称纯度弱对比。近似纯度的鲜艳色组合在一起，能形成非常华丽、多彩、刺激的鲜艳色调；近似纯度的含灰色组合在一起的效果，显得朴素、沉着。另一种是对比纯度的配色，是鲜艳色与含灰色之间所形成的纯度强对比，它具有既活泼又柔和的特点。纯度对比一般不如色相对比、明度对比效果强烈，大约三个纯度级相当于一个明度级的刺激量，在纺织品配色中容易被忽视，其实，在许多的色相对比、明度对比的配色中都包含着纯度对比。在一般的纺织品图案中，比较经常出现的是低纯度的背景，这样可以更明确地体现主题。

表 2-3　纯度对比基本类型

分组 \ 类别		比率	特点
高纯度区	鲜强调	10:8:1	鲜艳、生动、活泼、华丽、强烈
	鲜中调	10:8:5	刺激，较生动
	鲜弱调	10:8:7	俗气、幼稚、原始、火爆
中纯度区	中强调	4:6:10；7:5:1	适当、大众化
	中中调	4:6:8；7:6:3	温和、静态、舒适
	中弱调	4:5:6	平淡、含混、单调
低纯度区	灰强调	1:3:10	大方、高雅而又活泼
	灰中调	1:3:6	沉静、较大方
	灰弱调	1:3:4	细腻、含蓄、朦胧

（二） 纺织品色彩的调和

色彩对比调和作用主要是指色相的纯度与明度在对照关系中所产生的作用，一般有以下几种：

1. 不同底色的对比调和

明暗度相同的颜色处在不同的底色中，其明暗度会不同。如白色方块被黑色包围时，白色好像亮了一些；白色方块被灰色包围时，白色好像不那么亮了；黑色方块被白色包围时，黑色变得更深了；黑色方块被灰色包围时，黑色变浅了。由此可以得出结论：明度高的色彩，如白、黄、橙要用暗底色衬托；明度低的色彩，如正红、火红、墨绿、紫、黑等要用明底色衬托。这种色彩的对比作用，可应用在图案主体与背景的搭配上。

2. 嵌入明暗线条的对比调和

两个明暗度相距不大的色相安排在一起，如将白与黄、红与橙、橙与黄、绿与紫安排在一起，而且两个色相所占面积相差又不悬殊，在两色交界处明暗度会有改变，产生模糊的感觉。解决这种不良现象的方法是在两色的交界处嵌入明度较亮或较暗的线条，起到对比的过渡作用。

3. 对比色的对比调和

对比色安排在一起，呈现两色相对立、色光相等的向外扩张趋势。如红与绿、红紫与黄绿、黄与紫、黄橙与蓝紫，每两色之间纯度对比作用强，明暗对比作用弱，所以产生色相对立、色光向外扩张的现象，此种配合比较鲜明强烈，画面活跃，协调效果好。此法可用于地毯、挂毯的图案设计上。

4. 亮色与暗色的对比调和

亮色与暗色同时运用在同一物体，会产生不同程度的衬托作用。在颜色的各色相中黄色最亮，紫色最暗。若将黄色与紫色安排在一起，黄色被紫色衬托，显得更亮；将黑、白两色安排在一起，黑色被白色衬托，显得更暗。这就是明色与暗色的对比作用。应用这种一明一暗的配色方法，可使画面产生明快的主调，增强感观刺激效果。

三、 家用纺织品设计中主色调的把握

（一） 主色调的概念

家用纺织品设计的主色调是指纺织产品最终形成的主要色彩倾向，它是保证纺织产品整体性和统一性的主要因素。主色调设计的好与坏，直接关系到消费者是否愿意购买该产品以及厂商的经济效益。因此，家用纺织品设计中主色调的把握应该是设计者值得高度重视的问题。

（二） 影响主色调的主要因素

影响印花面料色调的因素有很多，比如性别、职业、年龄、季节等等因素，所以设计人员要根据不同的影响因素进行配色，以此来决定主色调，使色调的选用更贴近消费人群的口味。

不同地区的不同风俗习惯会使得人们的喜爱色不同，如绿色在信奉伊斯兰教的地区很受欢迎，因为它是生命的象征，而在某些西方国家则是嫉妒的象征，所以设计师要首先考虑到消费的人群所处的地区特点，根据人群的不同需要有目的地选择到底使用哪种颜色作为主色调。当然，一年之中分为春、夏、秋、冬四季，人们在不同的季节就会选择不同色调的印花。比如说冬季，众所周知，冬季是非常寒冷的，所以消费群体所选择的一定是看起来就让人觉得很暖的颜色，也就是我们所说的暖色调，以此有了心理安慰，让人不觉得那么冷，以求心理上的平衡。而夏季却完全相反。

图 2-6 冷色调家纺

图 2-7 暖色调家纺

还有一个影响主色调的因素，那就是风俗习惯，红色在中国代表的是喜庆的颜色，相关的产品有礼服和一些床上用品等。当然每个个体之间也由于年龄，性别职业以及所处的环境的不同而又不同的喜好，所喜好的主色调也就有所不同。

综上所述，就要求设计师在设计主色调的时候综合考虑以上的因素，合理安排主色调、，来满足不同阶段、不同年龄的不同市场需求。

图 2-8 中国传统婚庆家纺

（三） 主色调的种类

根据色彩的特性来看，家用纺织品主色调可以有多种类别。一是按色相来分，可呈现出多种色调，有红色调、蓝色调、紫色调、绿色调等，它们是根据某种色相的色彩在整个印花图案中占较大比重来命名的，其他色调以此类推。二是按明度来分，可分为明亮色调、中间色调和暗色调，它们分别是以明度的高低来划分的。

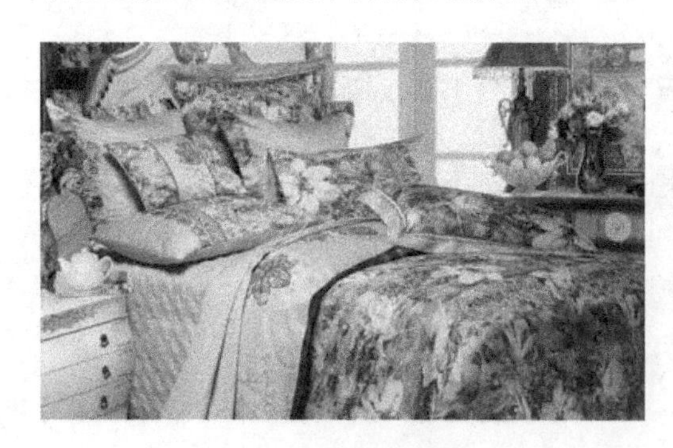

图 2-9 绿色调家纺图

2-10 明亮色调家纺

图 2-11　中间色调家纺

图 2-12　暗色调家纺

（四）　主色调形成的方法

主色调在纺织品印花图案的整体效果中起着举足轻重的作用，设计者在具有较强造型能力的基础上，还要熟练掌握主色调的形成方法，这样才能设计出造型优美、色彩和谐的纺织印花产品。形成纺织品印花图案主色调的具体方法主要有以下几种。

1. 使用单色形成主色调

使用单色形成明显的主色调即在设计时只使用一种色相，但在此色相中加入不等量的黑色或白色可以形成明度不一的多个色彩，组合起来可获得既整体、统一又层次丰富的单色调。

图 2-13 单色调的主色调

2. 加入同一色彩形成主色调

在图案的某些色彩中或多或少地加入同一色彩，就能达到你中有我、我中有你的整体主色调。

3. 调整色彩面积形成主色调

如果图案中有几种色彩互相冲突，难以呈现出主色调，设计者就要有意识地扩大某种色彩所占的面积，相对缩小其他色彩的使用面积，这样才能主次分明，获得主要色彩倾向。

4. 使用邻近和类似色形成主色调

因为邻近色和类似色色相差距不大，很容易取得调和，它们的搭配是形成主色调的常用方法。但这种方法存在一个常见问题，就是色彩过于暧昧，主体形象不突出，解决办法是采用合适的其他色彩隔离，使得表现对象明朗清晰。

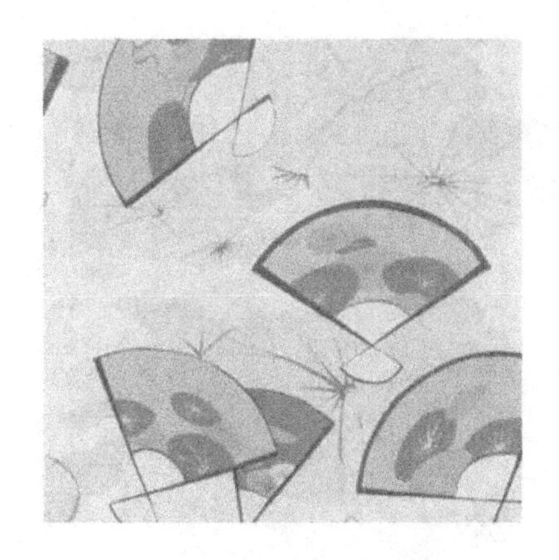

图 2-14 邻近色构成的主色调

5. 穿插使用色彩形成主色调

主要方法是使用同一色彩元素对整幅图案勾边处理，勾线时注意粗细、疏密、曲直、长短、虚实等变化，使画面中各色块之间形成连贯、整体的色彩效果。

图 2-15 色彩穿插形成的主色调

6. 调整色彩的纯度和明度形成主色调

当画面上色彩反差过大时，很难取得统一的主色调，改变色彩的相关属性，即提高或降低色彩的纯度或明度，可以达到色彩协调统一的效果。如图5-10中紫色和黄色本为互补色，但设计者降低了两色的纯度，使得画面色彩统一和谐。

图 2-16 降低纯度形成的主色调

总之，分析并把握主色调形成的规律与方法，是纺织品印花图案设计中不可忽视的一个重要方面。我们在印花图案设计的配色过程中还会遇到很多问题，需要大家不断地去尝试和总结经验。

四、 家用纺织品色彩的配置美学

在进行纺织面料着色加工和色织物设计时，常会遇到将各种色彩进行组合、搭配的问题。当两种及两种以上的色彩进行配置时，要想得到和谐、悦目、有吸引力和表现力的配色效果，就必须处理好面料中色彩的位置、空间效果、比例、节奏、秩序等的关系，使色彩搭配组合后的效果，能够给人的视觉和心理带来美感。这就需要掌握一定的配色方式和技巧，了解色彩搭配组合的规律，把握织物配色美的原则，使多变的色彩形成统一和谐的整体，反映到一块织物的外观上。

家用纺织品色彩的配置包括织物中各种色彩的搭配效果、应用面料时环境色彩和使用色彩的配合。面料的色彩配合是主要因素，实际上，前面讲到的几方面包含了面料色彩配合的原则，除此以外，还应注意以下两点：

1. 用色作用的配合

在处理主辅色的关系时，辅色的作用不可忽视，有的色彩起点缀作用，如彩点、嵌条、金银丝等；有的色彩用于勾勒轮廓，突出图案花型；有的色彩用于体现织物的风格。其用色、面积大小、线条粗细等都应随需要确定，要用得恰当。

2. 情调意境的配合

色彩与色彩的配合能反映某种情感或情趣，自然界中青山绿水、红花绿叶、海上日出的色彩非常自然。色彩与色彩组合与各种情调一致，才会使色彩富有生气，取得自然的美感。这是非常复杂的配合，它涉及自然、社会、心理、生理等诸多因素的协调，例如淡绿、白、柠檬黄的色彩组合代表早春情调；橙黄、黄绿、墨绿、红色的组合代表秋日艳阳；白色、浅蓝、深蓝色组合代表冰山、雪景；银白、蓝绿色组合代表月色情调。为了使面料的色彩具有情调美，必须掌握色彩的配色原则和色彩组合所表示的情趣及象征意义，要开阔思路，设计出具有独特情感和想象力的优秀配色方案。

家用纺织品色彩的配置还要根据面料的应用对象、使用环境、面料的质地等具体条件进行色彩设计，如床品色彩的搭配、床品色彩与室内环境的搭配、装饰织物的色彩配套设计等，色彩配置包含的内容非常广泛。要想使色彩设计获得成功，就要不断积累实践经验，不断提高艺术修养和审美水平，广泛汲取相关知识，以提高设计成功率。

五、 计算机配色技术在纺织品色彩配置中的应用

（一） 计算机颜色的表示

1. 颜色显示

（1）彩色 CRT。一个 CRT 能显示不同颜色的图形是通过把发出不同颜色的荧光物质进行组合而实现的。常用射线穿透法和影孔板法实现彩色显示。影孔板法广泛用于光栅扫描的显示器中，CRT 屏幕内部有很多组成三角形的荧光材料，每一组有三个荧光点，当某组荧光材料被激励时，分别发出红、绿、蓝三种光强度的电子束，混合后即产生不同颜色。例如，关闭红、绿电子枪就会产生蓝色；相同强度的电子光束激发三十荧光点，会得到白色。增加中间等级强度的电子束，可使颜色增加到几百万种。

（2）光栅扫描式图形显示器的颜色显示。取代早期画线类型的图形显示设备，如随机扫描的图形显示器和存储管式的图形显示器，光栅扫描式图形显示器是目前普遍应用的图形显示设备，他是画点设备，可看作是一个点阵单元发生器，并可控制每个点阵单元的亮度。

黑白单灰度显示器每个像素需一位存储器，一个由1024×1024像素组成的黑白灰度显示器所需要的最小帧缓存是1048576位，并在一个位面上，图形在计算机上是一位一位产生的，计算机中的每一个存储位只有0和1两个状态，因此，一个位面的帧缓存只能产生黑白图形。帧缓存是数字设备，光栅显示器是模拟设备，因此必须经过数字/模拟转换，才能使帧缓存中的信息在光栅显示器屏幕上产生图形。

在光栅图形显示器中需要用足够的位面和帧缓存结合起来才能反映图形的颜色和灰度等级。在彩色光栅显示器中，屏幕上像素的颜色是由红(R)、绿(G)、蓝(B)三原色组合而成，每种原色对应一个电子枪，每个电子枪再对应帧缓存中若干个位面。如果三原色电子枪对应帧缓存中的三个位，即每个电子枪由一个位面控制，则每种原色只有两种可能值，即0或1，这样由三个位面帧缓存控制的电子枪可以产生 $8(2^3)$种颜色。每个颜色的电子枪可以通过增加帧缓存位面来提高各原色灰度等级。通常所用的全彩色光栅图形显示器中，每种原色电子枪有8个位面的帧缓存和8位的数模转换器，这样每种原色可产生 $256(2^8)$ 种灰度等级，三种原色的组合将产生 2^{24}种，即为1677.7多万种颜色。

为了进一步提高颜色种类并节制帧缓存的增加，可通过颜色查找表来提高灰度级别，可以给每组原色配置一个颜色查找表，并把帧缓存中的位面号作为颜色查找的索引。

2. 图形显示

计算机对图形的显示在显示器上实现，显示器通常采用标准的阴极射线管（CRT）技术，也有采用其他技术的显示器，如液晶显示器和激光显示器等。阴极射线管一般是利用电磁场产生高速的、经过聚焦的电子束，将其偏转到屏幕的不同位置，轰击屏幕表面的荧光材料而产生可见图形。

3. 彩色显示器对颜色的模拟

如前所述，任何颜色都可由 CIEl93t-XYZ 颜色空间的光谱三刺激值来描述，它等效于应用 CIE 色品坐标和明度值描述。在彩色显示器上所表述的颜色刺激必须具有特定的CIE色品坐标和明度值，便再现所需的颜色，这就是彩色显示器对颜色的模拟技术。彩色显示器通常应用红、绿、蓝三色电子枪的激励电压轰击荧光屏的荧光粉，使之发亮来显示颜色，而电子枪电压则由颜色缓冲寄存器的输入值控制。因此，彩色显示器的颜色模拟就定位在确定显示器色度特性与装入颜色缓冲寄存器的输入值之同的函数关系，并以此关系研究预测方程，确定为产生特定颜色刺激所需的缓冲器输入值。目前，基于彩色显示器三色电子枪之间没有相互作用的假设，预测模型主要有多项式、乘方和指数三类方程及回归和线性插值两种处理方法，这些模型虽然大大简化了对显示器的色度特性定标和预测方程的确立，但也忽略了由于三原色荧光粉色度特性之间交叠带来的颜色仿真误差。由于彩色显示器所显示的各种颜色是由红、绿、蓝三种颜色的荧光粉按某种比例发光混合而成，所以显示的逼真度主要取决于三色电子枪的激励值及其比例。并且，显色效果与所采用的参考标准和彩色显示器的白场平衡质量密切相关。

4. 荧光粉色度特性的确定

彩色计算机显示器，其 R、G、B 三原色缓冲寄存器均为 8 位寄存器，而用于颜色控制只有六位，这样每个缓冲器所产生的单色灰度级为 65 种，三个缓冲器可产生 256 种颜色。由于对每个电子枪所激发荧光粉的色度特性进行测量是不现实的，为了减少颜色的测量次数，做如下两个假设：①三色荧光粉色度参数恒定。②CRT 上空间各点色度特性互不相关。这样就保证了三色电子枪的作用函数与时间变量无关，能较准确地控制颜色表示的定标数据。通过定标，可对显示器屏幕上空间各点的颜色分别编程控制。

下面介绍一种荧光粉色度特性的定标方法，这是基于上述两种假设的一种简化方法。它在荧光粉色度测量时，对 R、G、B 三十电子枪激励下的输出特性进行测定，“找出每种颜色荧光粉激发特性与色度参数之间的关系。这样，便可对电子枪激发荧光粉的色度特性进行实际的定标。定标过程如下：

首先，令 G、B 缓冲器输入值均为零，即 $G_{col}=0$、$B_{col}=0$。令 R 缓冲器的输入值从 0 到 63 按单位量递增。利用光谱光度计或彩色亮度计测出每个输入值所对应的 CRT 上输出颜色的 CIE 色品坐标（X_R，Y_R)和亮度值 Y_R，Y_R 即颤色的 Y 刺激值。然后再将其转化成彩色显示器与 CIE 色度系统相关的三个颜色刺激值 R_{col} 和 B_{col} 这样就得到了由 64 个输入值 R 与(R_{col}，G_{col}，B_{col})一一对应的搜索表。

然后用同样的方法，令 $G_{col}=0$、$B_{col}=0$，从而 G_{col} 从 0 按单位的递增至 63，可获得 G_{col} 与（G_{col}，R_{col}，B_{col}）之间的定标数据集相应的曲线；再令 $R_{col}=0$、$G_{col}=0$，而使 $B_{col}=0,1,2,\cdots,63$，可获得 B_{col} 与（B_{col}，

R_{col}，G_{col}）之间的定标数据及相应曲线。有了 R、G、B 各自的定标曲线，便可绘制三色荧光粉激发特性于色度参数之间的关系，并为 GRT 对样品颜色的模拟做好基础准备。

（二） 颜色仿真技术

彩色显示器对颜色的表示采用 RGB 颜色模型，RGB 模型所覆盖的颜色域取决于显示器荧光点的颜色特性。颜色域随显示器上荧光点的不同而不同，当要在显示器上仿真地表示具有某个三刺激值和色度坐标的颜色时，或欲把某个显示器上颜色域里指定的颜色转换到另一显示器的颜色域中，都必须应用 RGB 系统与 CIE 颜色空间(X，Y，Z)系统转换的线性关系，其线性关系的系数由显示器的制式和使用的照明体确定。RGB 颜色系统的三原色为加性原色，显示器显示颜色是三基色荧光粉发光后的加法混色，和人眼观察物体反射色之间有根本差异。因此，从理论上讲，要在显示器上准确获得物体颜色的仿真效果，仍需继续研究颜色体系及相互关系。此外，显示器本身也存在荧光粉的品种、质量以及制造过程的差异。采用一般显示器进行颜色仿真，只能是近似地复现颜色，或观察两个或多个色样之间的相互色差感觉。

当今的纺织技术不同于传统纺织，高新技术给其赋予了新的灵魂，计算机技术的应用给这一古老行业注入了新的活力。在纺织产品表现中，视觉的表达和传递占有非常重要的地位。因此，在计算机显示器上对颜色的仿真模拟显得尤为重要。颜色仿真技术为人们提供了一个便利的试验手段，使我们在科研和生产中得减少工作量并提高效率。目前颜色仿真技术可应用于以下几个方面。

（1）在织物 CAD 中对实物颜色外观的模拟和再现。主要包括纱线(花式线花色线、混纺纱等视觉效果较明显的纱线)和织物的配色效果、纺织花纹或花样等。

（2）对染料进行配色模拟。利用颜色仿真可直接在屏幕上复现预报的配色方案和标样颜色，以便在实际染色前预报配方于标样的复合程度。

（3）进行色差评定。可在显示器的绘图区域同时显示三种光源下标样颜色和试样颜色的对比状况，以便对样品间同色异谱的程度进行了解。

（4）检测光源对颜色的影响，可通过对同一样品设置三种不用光源，来了解光源所导致的颜色差异以及光源对物体颜色的影响。这一特点可用于不用光源下具有“变色”性质的染料。所谓“变色”指的是这样一类染料，它以可见光的长波和短波区域同时具有较高反射的染料为主题，配以其他辅助染料拼混而得。利用颜色仿真技术，不经过染色就可快速了解这类染料在不同光源下的变色程度并筛选所需染料。

（三）计算机配色技术

1939年，KUBEIKA AND MUNK 从完整辐射理论诱导出相对简单的理论，这是目前作为绝大多数配色软件光学理论基础的 Kubelka-Munk Theory 理论，它针对不透明样品的简化形式可描述为：

$$\frac{k}{s}=\frac{(1-p_{\infty})}{2\cdot p_{\infty}}$$

公式中 p_{∞} 指颜色样品厚度无穷大时的光谱反射率。该理论近似地描述了吸收系数 k 和散射系数 s 与 p 间的函数关系，也是不透明样品(如纺织品)普遍使用的方程。

计算机配色方式包括：色号归档检索、反射光谱匹配和三刺激值匹配三种方式。色号归档检索应用的是计算机的数据管理，它把以往生产的品种按色度值分类编号，并将染料处方、工艺条件等汇编成文件存入计算机，需要时凭借输入标样的测色结果或直接输入代码，将色差小于菜值的所有处方输出。色号计算机归档一方面可避免实样保存时的变色和褪色，另一方面，使得检索更为快速和全面。染色纺织品的最终颜色是由反射光谱决定的，配色的目的就是要实现产品反射光谱与标样反射光谱的匹配，即无条件匹配，它只有在染样与标样的颜色相同，纺织材料亦相同时才能办到。反射光谱一般采用400～700纳米波长，每隔20纳米取一个数据点。三刺激值匹配是使产品配色结果的三刺激值与标样相等，即达到等色、此时两者在反射光谱上并不一定相同。由于三刺激值须由一定的施照态和观察者色觉特性决定，因此，三刺激值相等是有条件的，故又称条件等色。计算机配色运算时，大多以CIE标准施照态 D_{65} 和CIE标准观察者为基础进行条件等色的判定，以获得所需的染料色泽处方。

第四节 家用纺织品色彩设计美学原理

“色彩的感觉是美感的最大众化的形式。”由于人的视觉对色彩的特殊敏感性，人们在审视评价家用纺织品时，视觉的第一印象乃是色彩。彩色是最具有吸引力的诱饵，具有十分重要的美学价值。

一、 家用纺织品色彩美的主题

所谓“和谐”，是协调、调和、融合的意思。中国古时论音乐云:“八音克谐，无相夺伦”(《尚书·舜曲》)，“其声和以柔”（《礼记·乐记》），其中的“谐”与“和”都是协调的意思。古希腊毕达哥拉斯认为和谐乃是“数的关系”，所谓“数的关系”是指秩序、比例和匀称等。东西方关于“和谐”的论述，都强调对比和调和、变化和统一的规律。色彩美也是一种和谐的美，是一种既包含着色彩的色相、明度、纯度、面积等方面的差异与对比，又在整体上取得协调统一的美。

家用纺织品的色彩美是在色与色的组合关系中表现出来的。色彩组合如同音乐谱曲，七个音符可以谱写各种动听的曲调，或响遏行云，声如裂帛；或黄钟大吕，珠圆玉润；或莺语蝶舞，余音绕梁；或高亢激昂，或优美抒情等。红、橙、黄、绿、青、蓝、紫七种颜色可以构成各种色调，或强烈明快，辉煌灿烂；或纯朴典雅，高贵华丽；或庄重含蓄，富丽堂皇等等。然而并不是所有的声音和色彩的配合都会给人以美的享受，没有节奏旋律的声音只能是噪声，没有统一调子的色彩只能是视觉感官的刺激。

正如鲁迅先生所说:“花是颜色的，是美的，但是颜色并不等于花，也不等于是美的。”色彩配合的美感取决于是否明快，既不过分刺激又不过分暧昧。过分刺激的配色易使人产生生理视觉疲劳和心理精神紧张，烦躁不安；过分暧昧的配色由于过分接近、模糊不清以致分不出颜色的差别，也易产生生理视觉疲劳和心理上的不满足，感到乏味无兴趣等。因此，对比和调和，变化和统一是纺织品色彩构成的基本法则，变化里面求统一，统一里面求变化，各种色相辅相成并取得和谐关系时才能达到配色的美。

二、 家用纺织品色彩审美主体

家用纺织品色彩美与审美主体有关，色彩本身无所谓美，只是美的客观条件，只有当色彩与其审美主体——人联系起来后才会产生色彩美的反映。因此，家用纺织品色彩美取决于人对色彩的感受。中国古代思想家庄子认为:“美恶皆在于心”。对色彩美的感受也因人而异，因情而变。

家用纺织品色彩具有时代的特征和个性表现的一面。因为各个时代、各个民族、各个地区由于政治、经济、文化、风俗习惯、宗教信仰以及地理环境的不同，对纺织品的审美要求、审美理想也不尽相同。不同的人，由于性别、年龄、文化修养以及气质、性格、爱好、兴趣等方面的不同，对色彩也各有偏爱；即使同一个人，也会因遭遇、心境产生的情绪变化而变化，所以人们对纺织品色彩的感受和审美心理也不是固定不变的。只有当纺织品色彩所反映的情趣与人们所向往的精神生活产生联想，并与人们的审美情绪产生共鸣时，也就是说只有当纺织品色彩配合的形式结构与人们的审美心理形式结构相对应时，人们才会感受到色彩美的愉悦。

由于家用纺织品色彩审美主体的复杂性和多变性，我们在讨论家用纺织品色彩的美感和表现力时，既要研究各种色彩由生活联想而产生的一般的个性普遍意义，同时又要注意到不同的审美标准而引起的对色彩的内涵与表现性的不同理解和诠释。

三、 家用纺织品色美与形美

色依附于形，形由色来表现，色与形不可分割，相辅相成，相得益彰。家用纺织品色彩的美总是与装饰的具体形态结合在一起的。如服装色彩必须通过穿着对象来体现它的性格，同一款式同一色彩的服装穿在不同个性的人身上或穿着在不同场合下，色彩所表现的情调是不相同的。又如同是一种红色，如果去表现一滩血迹时，会使人产生恐怖；如果用于旗帜则为革命的象征；红色的信号灯是危险的标志；红色的苹果带有甜味，红色的辣椒则带有辣味。家用纺织品色彩的美感实际上是由联想而产生的，无论是通过生活中具体形象的联想还是由知识中抽象概念联系起来的联想，离开了联想和色彩的具体表现对象，就不可能实现纺织品色彩的美。

四、 家用纺织品色彩的美学原则

（一） 色彩的调和美

色彩的调和美是配色美最主要的原则。它是一个广义的概念，不仅指同类色或类似色搭配后产生的柔和色彩感觉，而且指纺织品表面色彩给人带来的舒适和悦目的感觉。这种舒适感即色彩的调和美，它包含两方面的内容，即色彩的统一和对比。统一指色彩配置的一致性，即协调性，它通常是由同类色、相邻色或近似色相互搭配得到的；对比指色彩配置的差异性，通常由对比色甚至互补色配置而得到。两种配色方式给人带来的感觉不同，但都可以达到整体调和的效果，如果将两者合理地结合，配色效果会更加完美。

（二） 色彩的比例美

比例是指色彩的整体与局部、局部与局部之间的配置关系。不同色彩配置得是否匀称、恰当，决定了面料色彩是否和谐。除平素色织物外，各种提花、印花和色织物都由两种或两种以上色彩构成，都存在着色彩比例配置问题。各种花型图案的色彩常与地色不同，使纺织品具有强烈的美感和装饰性。色彩的比例美包括色彩整体与局部的比例关系以及不同色彩的色相、纯度和明度的比例关系。

在一块面料中，必然有一色起主导、支配的作用，其他各色根据面积、位置等居于从属地位。主色调的确定有两种方法：一是可以通过增加主色调色彩的面积来达到，比如某印花织物，以橙色为主色调，蓝紫色、黄绿色、花朵图案为点缀色；或以绿色为主色调，天蓝色、白色为点缀色；再如红色与紫红色按比例配置，织物主色调显红色。二是通过局部色彩的空间混合来达到构成主色调的目的，在色相环中间隔 60° 以内的两种颜色混合后可以得到较鲜艳、纯正的中间色。

色彩面积的比例关系也会影响到配色的调和与否。无论是同一、类似还是对比调和，关键是要掌握配色面积的大小。就色相而言，两个色相不同的色彩相配置时，面积比例的大小直接影响其是否调和。如对比强烈的红、绿配置或黄、紫配置，若在色织物两色纱的比例相等，就使人感觉突兀、不调和；若一色占优势，另一色处于从属地位，就会缓和矛盾，取得鲜明、强烈的色彩效果。在两色之间加上无彩色，如白、灰，也可以缓和其强烈的对比效果，使配色调和。在纯度对比中，纯度低的色面积应大于纯度高的色面积，以免产生生硬感。在明度对比中，配色可以灵活掌握，高明度与低明度色彩等量配置，可以产生强烈、醒目、明快的感觉；明度高的为主时，为高调配色，感觉明朗、轻快；明度低的为主时，为低调配色，有平和、冷静的感觉。

色彩的比例关系还与色的形状、位置有关，在色彩配置中，两色远离时，对比程度降低；两色邻近，对比程度加强；一色置于另一色中，对比性最强，如图 2-20 所示。

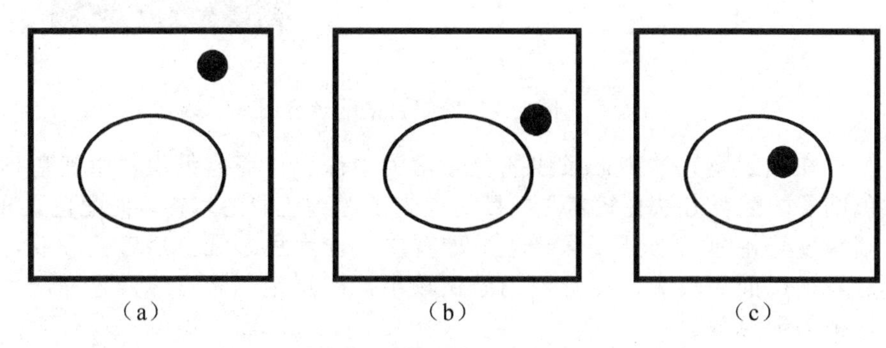

（a） （b） （c）

图 2-20 色彩位置对比

在印花织物的配色中，常会涉及比例问题。如多色彩的小花型图案，要考虑花型距离的远近和花与底色的关系。

（三） 色彩的均衡美

色彩的均衡是色彩配置在人们心理上产生的安定感，是通过色彩布局的合理性和匀称性达到的。均衡有视觉、心理和感情均衡，它表达的方式也有多种。

在视觉上除了色彩三要素的均衡外，还有色的冷暖、前后和轻重等的感觉，因为色彩不仅是一种视觉感知，还是一种心理感知，视觉平衡决定了心理的平衡。比如明度高的感觉轻；明度低的感觉重；红黄色系感觉温暖；青紫色系感觉寒冷；纯度、明度高的色彩有前进感；纯度、明度低的色彩有后退感。织物在配色时，各色的搭配要符合人们心理因素的平衡，才会充分展示织物的美感。

对于冷暖色的搭配，因为冷色有收缩和后退感；暖色有膨胀和前进感，因此，冷色为底色，暖色为点缀色的配色方式易产生均衡感。对于深浅、明暗色的搭配，一般浅亮色上浮，深暗色下沉，使浅色的面积增大，深色的面积缩小。在底色与点缀色面积不变的条件下，浅色底、深色为点缀色的面积要比深色底、浅色为点缀色的面积小些，如图 2-21 所示。

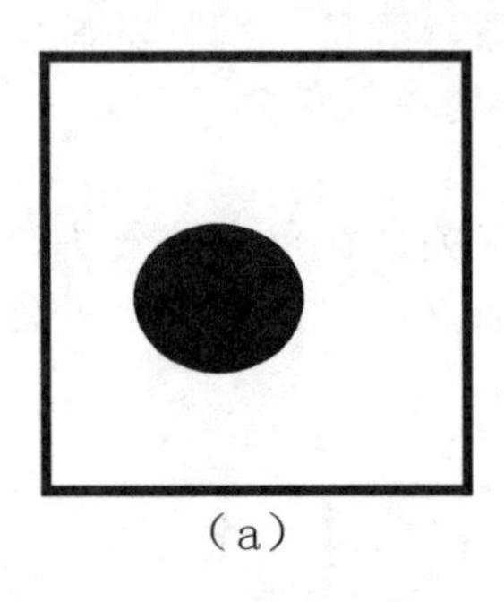
（a）

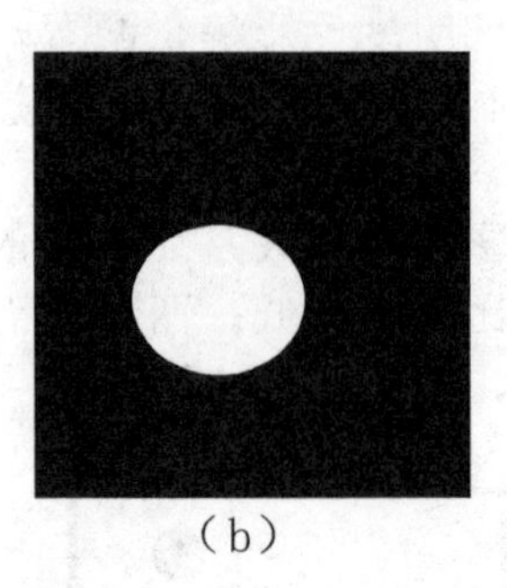
（b）

图 2-21 冷暖色搭配示意图

在毛织物设计中嵌条线的色彩常为中深色，而府绸织物中浅色地、深色细条的配色方法也较常见，目的是为了达到色彩的均衡，使配色柔和。在高纯度鲜艳色与低纯度深暗色的配置中，前者色彩强，后者色彩弱，一般后者使用面积较大，而鲜艳色面积较小，即鲜艳色做点缀，容易产生强弱均衡的配色效果。

情感均衡随着人的感情在不同时期、不同场合、不同条件下是变化的，如果色彩设计能充分表达使用者的心情、性格，就会在心理上、情感上会产生平衡感和美感，例如，室内装饰织物的花型、色彩会很明显地体现主人的兴趣、爱好等情感特征，这也是设计时较难把握的。

总之，色彩的均衡感是指人的心理对色彩配置的感受，它包括统一和变化两方面，织物色彩设计时如何掌握这两方面的关系，不同的人有不同的感觉。追求“统一”的感受时，采用均衡感觉的普遍性来设计；追求“变化”的感受时，则改变其均衡性，甚至采用相反的配色模式，这就要求设计者明确面料的用途、使用对象、场合、季节等因素，设计时应灵活运用。

（四） 色彩的节奏美

面料色彩的节奏感是通过色彩的三要素以及花型图案的形状等方面的变化，表现出有规律的方向性、反复性和层次感。素色织物本身无节奏感，只有与其他颜色和花型的面料配置使用时，才会涉及使用整体的节奏问题。而色彩的节奏美主要体现在印花织物和色织物设计中，因为色织物中色纱排列是循环的，而大部分印花织物中采用四方连续的规律，就形成了花型在面料上有规律地重复出现，从而产生节奏感。

有规律节奏中最常见的是重复。在色织物中，色经、色纬循环，使得色彩有规律地重复，从整幅织物上看，会在视觉上造成一种动态的反复节奏，色彩图案感觉整齐、规则，从而带来美感。提花织物和印花织物常常将色彩对比要素（如花型）进行方向、位置、色调、质感的交替变化，以达到不同的视觉效果。如色彩相同，花型不同；花型相同，明暗不同；花型不同，色彩也不同……利用小提花组织花型循环、大提花组织花型复杂及印花织物的四方连续的特点，可使重复节奏的色彩效果变化灵活，可强可弱。

另一种有规律的节奏是渐变，即色彩有规律地按秩序进行变化，它能给人带来愉快的视觉享受。彩虹色光的有秩序渐变是最有魅力的色彩组合，虽然它包含了所有色相，但是它是自然界有规律的色彩渐变排列，和谐而有序。渐变节奏常体现在有规律的花型设计中，如色织条格的设计等。要根据色彩的三要素进行有规律变化的渐变，具体包括色相渐变、明度渐变和纯度渐变。设计渐变节奏时，要使色与色之间的变化幅度尽量一致，避免大起大落，花型中色彩的渐变尤其如此，以免破坏秩序美。

无规律节奏是一种不规则的、自由化的变化方式，常用于单独纹样的花型设计。无规律节奏在装饰织物中应用较多，如桌布、床单、窗帘等纹样的色彩搭配。服用织物中有时为了强调某一效果，也采用这一设计手法，如素色地上的单独纹样，其色彩配置常与底色产生较强烈的对比，以突出设计效果。无规律的节奏在视觉上有生气，具有积极、跳跃的色彩效果，但设计难度较大，配置不好会让人产生杂乱无章的感觉。

动感节奏是利用色彩空间混合原理设计的，在面料的使用过程中体现出来。利用动感节奏，一方面能通过距离的远近产生不同的色彩效果，如用褐色和白色小格装饰布制作室内软装饰，远看呈浅棕色调，近看则两色分明，由于所处位置不同而有统一或对比之趣。另一方面，色彩有闪烁感和颤动感，适合于表现光感和动感，用于服装上可以随着人体的活动而产生变幻和跃动的色彩效果。隐条、隐格织物就是动感节奏的一种体现。

（五）　色彩的层次美

面料色彩的层次主要表现为色彩搭配产生的前后距离感和空间感。主要通过色相对比、明度对比、纯度对比、冷暖对比、深浅对比来体现。对比越强，层次感也越强，反之越弱。色彩的冷暖、轻重、软硬可以形成相应的阶梯层次，点、线、面形成图案大小的层次，色彩与之相结合可以加强层次感。用类似色或对比色搭配，通过组织设计可以产生放射状的空间感，具有强烈的立体感和视觉效果。

不同质地的面料也会产生不同层次的视觉效果，从光泽上看，同一色相的色彩，织纹平滑、反光强烈的部分向前，所以在条格组织、联合组织和提花织物中，组织变化是非常重要的设计内容，它影响着花型和色彩的变化。如图所示为某阴影缎纹组织，利用经纬浮长的逐渐过度，织物表面呈现由浅到深或由深到浅的色光效果。

图 2-22 阴影缎纹组织效果

（六） 色彩的强调美

色彩的强调是指在同一性质的色彩中适当加入少量不同性质的色，产生强调感，将注意力吸引到某一点，在统一中寻求变化。色彩的强调可以吸引人的视觉注意力，还可以使整幅织物的配色增加活力，并可保持色彩平衡，起到调和的作用。尽管强调色的用量较少，但其色彩感觉可以决定织物的色彩气氛。在印花织物中，根据花型需要采用少量的强调色，在色织物中，对比色的嵌条线、细小的色条等，都可以采用强调色的方法来增加织物的活泼感。

强调色一般选择与主色调相对比的调和色，以达到既对比又统一的目的。强调色用色面积要小，以形成视觉的中心。有时为了达到新潮的配色美，体现穿着者的动感和括力，用色面积可以稍大，色彩对比强烈。在色彩使用上，可采用新的染色、印花技术，以达到特殊的色彩要求，如使用金属色、荧光色、有色涂层等，它们富有时代感，深受青年人的喜爱。

五、 家用纺织品色彩的美感关系

家用纺织品的色彩美，具有相对的性质，是一个关系的范畴。因此，它必须与使用者的生理、心理发生关系，才会有美感产生。家用纺织品的色彩美又是一个变化着的范畴，必然随着时代而“标新”与“立异”，追求美的多样性、丰富性。家用纺织品的色彩美还是一个环境范畴，只有与自然环境、室内环境、社会环境融合共生才能实现。

（一） 美的产生

美不是事物的性质，而是人与物的关系状态。也就是说，家用纺织品的色彩美，不是家纺产品物的性质，而是人与家用纺织品色彩的关系状态。抽象点说，是客体物与主体人化之后所形成的一种关系状态或社会现实，即客观化了的主体，根据不在物本，而在人本。人与物的美的关系状态，是把外在于人的存在变成了内在于人的现实，人与物的美的关系状态下人选择事物的性质，决定着它是否具有审美意义。事物有许多审美自然属性，但它们只是审美属性的物载者，并不是审美属性本身。人与物的关系状态的介入也许并没改变自然属性的形态，但却赋予了它新的意义，状态现实大于性质现实，状态是美之因，性质是美之果。

这正如美学大师狄德罗所说：美与关系俱生、俱变、俱长、俱灭。这说明了美的本质和产生的前提。狄德罗认为，关系就是把一个事物或它的某种性质放到与另一事物或另一种性质的联系中去考虑。关系有多种层次，一种是事物自身各组成部分之间的关系；一种是这一对象与其他对象之间的关系。凡是从事物本身各部分之间见出对称、秩序等关系的，就是实在的美；凡是在一个对象与另一对象比较中见出适当关系的，称作相对的美。

因此，我们可以说家用纺织品色彩的美，具有相对的性质，是一个关系的范畴，即“美在关系”。在审美过程中，不仅主体的审美尺度决定着主体对对象作怎样的审美判断，而且对象的感情特征也决定着主体对它做出怎样的审美判断。“美在关系”，即对象的审美特征恰好符合了主体的审美尺度，或者说，主体的审美尺度恰好符合了对象的审美特征。双方相亲合则生美感，双方不亲合则生丑与丑感。双方相互制约、相互决定。同时，主体的审美尺度是不以其拥有者的一时意愿任意转移的，是有客观变化规律的自然存在。从这个意义上说，主观也有客观性。对象的审美特征必依主体而存在，必相对于一定的主观才显现出如此般的客观特性。从这个意义上说，客观也有主观性。主观在一定的意义上就是客观，客观在一定意义上就是主观。在审美活动中，主体与客体、主观与客观，就是这样水乳交融地渗透为一体——心物共鸣。

具体而言，家用纺织品色彩的“美在关系”，说出了它的美是相对于不同的主体人——家用纺织品的使用者、接受者，相对于不同的客体物——家用纺织品形式美的构成、相对于不同的社会时空环境——家用纺织品使用等诸因素而构成的，因此，家用纺织品色彩的美是主客体关系的产物，既与客体家用纺织品的色彩有关，更与主体人有关。从客体家用纺品色彩来说，色彩的美感是组成家用纺织品美感的不可缺少的因素和最有力的表达形式。相同款式、相同面料的家用纺织品，由于色彩配合的不同，将会产生经典、高雅、朴素、浪漫、秀丽、鲜明、华丽、强烈等不同的情感效果，从而使使用者——主体人产生不同的好恶偏向。只有好的面料和款式而没有好的色彩设计，就不能构成具有美感的家用纺织品，而一般的面料、款式、材质由于配色得当，会给家用纺织品增色添美。从主体人对家用纺织品的感受来说，家用纺织品色彩的美更是相对于人而言的，没有人类，自然界无所谓美和丑。可见，家用纺织品的色彩美，是审美活动中人的审美意识（感情、趣味）赋予外物的，是主观的。人们认为某种色彩组合是美的，那么这种色彩组合才是美的。有人说出这样一句本质而又实在的话："人人都在审美"。这说明家用纺织品的美与主体人的审美意识有不可分割的关系，色彩美离不开主体人对他进行的审美活动，没有主体人的存在，美也随之不存在。因此，家用纺织品美的意义，是社会的产物，是离不开人这个主体的。由于主体人的性格的不同、职业的不同、文化修养的不同，对于色彩美有不同的认识和理解，因此，家用纺织品色彩的美没有绝对、抽象的标准，家用纺织品色彩只有与人的生理、心理发生关系时，才有相对的美感产生。为此，当我们设计家用纺织品及色彩时，一定要有一种明确的关系概念和强烈的定位意识，一定要将家用纺织品的色彩创新，针对具体的消费市场、消费层次、消费者，有的放矢，使具有美的色彩家用纺织品受到市场欢迎、消费者的青睐。使客观物——家用纺织品，与主观人——家用纺织品的使用者产生心物共鸣的撞击，美则产生了。

（二） 美的构成

家用纺织品的美具有相对的性质，是一个变化或运动的范畴。也就是说，家用纺织品色彩的模式，并不是静止的、抽象的、亘古不变的，而是随着人的社会关系变化而变化着，或者说随着时代的变化而变化着。从美的发展历程看，古代是有序和谐，近代是无序崇高，现代是更高的有序和谐。在这样的大趋势下，家用纺织品色彩的美既是客观的，又是发展变化的，不是绝对凝固的。

人们常说的"人们永远都在寻找平衡" "人们永远不满足于现状"，这些话的意思并不是说人类是一个贪婪的动物，而是说人们都希望在变化中、在追求中获得新的美。因为一个人对任何事物的兴趣和热情，都会随着时间流逝而递减。所以，再新、再美、再整体配套的家用纺织品色彩，用久了、看的时间长了也会感到厌烦，于是人们在追求更新更美的家用纺织品的同时，又都在追求变化所带来的新颖之美、变化之美。这同时也是一种自我安慰，当我们对自己室内纺织品的色彩稍加变化后，便会品味、感受着一种创新的愉快、满足和信心。

美国的科学家巴・比伦的精神物理学说认为：人们在自然界能够看到的色彩是有限的，如果不断接受同样事物就会感到单调乏味，于是要求新的刺激。也就是说，当某种强度的刺激物长期地作用于人们的视觉，就会使视觉感官产生疲劳——厌倦，即人们的感受性就会发生障碍，如同重复吃同一种口味的菜，会使人产生厌腻的感觉而需要新的刺激。具体地说，审美主体在一定时间内获得色彩美感已达到饱和的程度，若继续重复，就会因疲劳或其他原因而不能再获美感。歌德对此种现象研究后指出："眼睛需要变化，从来不愿只老看某一种颜色，经常要求换另一种颜色。"人类色彩知觉上的这种规律，促使了家用纺织品流行色的演变性和周期性。从辩证法的角度来看，事物本身矛盾的两个方面表现为从不平衡到暂时平衡，从暂时的平衡又到新的不平衡。人们对家用纺织品色彩的追求也是如此，满足是暂时的，不满足却是永恒的。正是因为这种无休止的追求，才为家用纺织品色彩变化和流行色的产生与发展提供了可能性。这是因为这种无休止的追求，使家用纺织品色彩在变化之中满足消费者的需求。从另一角度而言，色彩变化是为了追求一种新奇性，它能够满足人们求新、求变的欲望。因为新与奇是紧密联系的。新鲜是一种美感，奇特也是一种美感。这种新奇性既有时间的内涵，也有空间的内涵。从时间角度说，这种新奇性表示与以往不同，和传统习俗不同，即所谓的色彩"标新"；而从空间角度说，其新奇性表示与他人不同，即所谓的色彩"立异"。"标新"遵循的是新奇原则，"立异"遵循的则是自我个性化的原则。这在家用纺织品色彩使用中显得极为突出。

家用纺织品色彩使用上的标新立异心理，　既是追求变化美的心理体现，也是自我表现力极强的表现。愿意接受新鲜事物是人类本能之一，与众不同的新鲜东西具有很强的刺激性，容易引起人的注意，满足人的好奇心。所以，人们在家用纺织品色彩上，常常追求异质、追求新奇、渴望变化，喜欢追赶新潮，以此渴望社会对其特殊性和个性的认可，并急于以不同风格、不同情调的色彩为手段，在芸芸众生中表现自我、突现自我，从一种生活方式的差异中体会到一种新鲜、奇异、炫耀和美的享受。追求变化美的标新心理表现得最为典型、最为强烈的地区是城市，特别是沿海中心大城市。这些地方工业文明发达，社会分工细致，劳动交换频繁，人与人之间的往来以"事本位"为基础，无形中压抑了人的个性张扬，同时又强烈地刺激着人的个性，促使其活跃起来。

追求变化美，也是为了追求美的多样性和丰富性的反映。色彩美的多样性，也就意味着色彩的美绝不是单一的，绝不是固定不变的。美需要一定的形式来体现，但也不要囿于固定的、死板的模式。家用纺织品的色彩有无限的组合风貌，适合你的家用纺织品色彩也有无限的搭配的变化。尽管你所拥有的家用纺织品色彩是有限的，但可以以多种方式搭配起来，就会有无数种组合的可能——变化的美。家用纺织品及色彩，不在多而在精，即适度组合；家用纺织品及色彩，不在时尚而在搭配，即多样搭配。因为单一不变的家用纺织品色彩设计与使用，会流于单调重复，会给人一种安于现状、缺乏激情的感觉。

（三） 美的共生

家用纺织品的色彩美具有相对的性质，是一个环境范畴。也就是说，家用纺织品的色彩美只有与室内环境巧妙地融合而共生才能实现。共生，原为生物名词，系指两种生物互不侵害，互相需要，彼此共存的状态。将这个辩证的、唯物主义的观念用于主观人与客观物、客观物与客观环境的关系所产生的价值，超越单一存在的价值、突破消极组合而产生的积极价值，即所谓的共生或者说互利共生。

家用纺织品色彩的融合共生所产生的美，既包括产品使用中主、客体的统一共生关系（前面已经论述），也包括家用纺织品色彩与室内环境的统一共生关系。这两种共生关系所产生的超越性价值和所带来的艺术性的美，不是 $1+1=2$ 或 $1+1\neq2$ 的常态，而是 $1+1>2$ 甚至 $1+1=\infty$ 的超常态——艺术美的状态。

家用纺织品色彩与环境的共生美，自然离不开人们所生存的环境。它包括宏观的大环境，也包含着微观具体的室内小环境。家用纺织品色彩只有与存在环境的文化产生了共鸣，才能共生而产生家用纺织品的色彩美。否则，就是不美的，或产生不了美。

首先，家用纺织品色彩的共生美，会受到其自然环境的直接影响。许多色彩学家认为，家用纺织品色彩与所处的自然环境密切有关。处于南半球的人容易感受到自然的变化，因而喜欢强烈的色彩；处于北半球的人对自然的变化感觉比较迟钝，因而喜欢柔和的色调。由于受到地理气候等方面的制约，处于不同地域环境的人对色彩的喜好也大相径庭。如北欧的寒带地区城市斯德哥尔摩，其建筑雄浑敦实，居民喜欢使用的色彩沉稳、式样保守、质地坚挺；南欧温带城市巴黎，其建筑精巧、别出心裁，居民喜欢使用的色彩潇洒、式样飘逸，充满想象力。再比如，城市里灯红酒绿，色彩环境丰富、强烈，变化性大，因此，人们为减少视觉及精神疲劳，寻求安适环境，所使用的家用纺织品色彩，灰色、含蓄、柔和色彩比农村要多；反之，农村的环境色彩季节性强，冬天是单一的黄与褐色，春夏或秋又是单一的绿色，单一而缺少变化，因此，人们则寻求能活跃单调环境的色彩，于是，在家用纺织品上，喜欢选用较鲜艳的、较强烈的色彩。由此可见，家用纺织品色彩常常是环境色彩在视觉生理上的平衡和补充，即对某一种色彩或色调的长期注视产生了视觉疲劳后，就会产生色彩补充的欲望。如今，随着人们生活水平的提高，家用纺织品色彩也更注意了顺时而变化，以调节万木凋零的冬天给人们带来的空旷和荒芜，调节烈日骄阳带来的焦躁和不安，根据环境季节变化调整家用纺织品色彩形态的方式早已被广泛而巧妙地采用。

其次，家用纺织品色彩的共生美，还受其社会环境的影响。家用纺织品色彩与社会环境的关系，是人们的审美意识的一种物化形态。人类在创造着文明社会环境的同时，文明的社会环境反过来又制约着人们本身的文明创造，也包括家用纺织品色彩。社会环境包括：时代环境，民族环境，政治环境，科技环境，宗教环境等。以民族环境来说，在婚姻喜庆之际的家用纺织品的色彩，中华民族视红色为吉祥、好运的色彩，西方民族则视白色为纯洁、爱情、幸福的象征。黄色被中华民族视为至高无上的皇权之色，而在西方则被视为卑劣可耻的犹太色彩。又比如，宗教环境也形成了对色彩的选择和喜好。叙利亚人喜欢蓝色，伊拉克、土耳其人却把蓝色视为丧服色彩。信仰佛教的喜欢黄色，而信仰伊斯兰教的民族却喜欢使用绿色……这种社会环境所制约和所构成的人们对色彩的喜好或厌恶，也是在家用纺织品设计时必须慎重考虑和运用的。

微观而论，家用纺织品色彩的共生美，是家用纺织品色彩与室内环境的统一共生关系所产生的价值和所带来的美。同一套家用纺织品色彩，与人的室内环境处于这样的关系中是美的，如果处于另一种关系中，也许就是不美的。这说明一个道理：家用纺织品色彩美的最终实现不在产品形式美的因素，也不在产品本身性质，而在于家用纺织品色彩与环境融合状态下的共生性的形式结构。换句话说，家用纺织品中任何形、色、质都无所谓美、丑，关键是它们自身是否构成了积极的审美关系，它们是否能和环境空间融合构成了共生性积极的审美关系。因此，在设计或使用家用纺织品时，我们必须以科学的结构主义的观点取代传统的原子主义的观点，在设计中建立起自觉的共生性的建构意识。融境达意的结构主义重视整体性，即元素间的有机联系，是“系统”而不是“集合”，“集合”中的元素是确定的，强调彼此之间的区别；而“系统”是各元素相互作用的复合体，具有非加合性，强调彼此之间的联系。我们知道：如果把砖按着一定方式砌在一起就是建筑，就会出现砖块所没有的新质；如果把砖按照美的设计方式创造出各式各样的建筑，就会出现不同的建筑艺术和各异的建筑艺术风格，这就是组合质变规律，这就是融境达意的共生效果，美就生成在结构新质中。家用纺织品色彩，无论采用多么粗糙的面料或高科技面料，无论使用何种工艺，无论图案色彩设计得多美，无论最终视觉效果多么的新颖……但是它最终只能在与环境完美融合、共生性的融合中，在形式结构中，才能找到自己的表现角度，才能获得自己最大的生命力，才能创生出美的魅力。

这正如亚里士多德所说的，美不过是存在于具体的、可感的美的事物中的一种普遍性。这种普遍性就是，依靠一定的体积与安排，把零碎的因素结合为统一的“整一性”。他说：“美与不美，艺术作品与现实事物，区别就在于美的东西和艺术作品里，原来零散的因素结合成为统一体。”法国启蒙运动美学家狄德罗提出了“美在关系”学说，就在于强调系统效益，整体比局部更有内容，局部必须在整体中得以实现。他所说的“关系”，在家用纺织品色彩与环境表现中显得更加突出、重要。它既包含了主观人与客观色彩，也包含了色彩设计范畴中的统一与变化、条理与反复原则。处理好这种融境达意共生关系，就能使简单变得丰富，使平凡变得高尚，使色彩的张力得到充分的发挥。否则，没有“关系”的色彩堆砌，只能形成繁琐的庸俗的令人生厌的色彩。可见，家用纺织品色彩的美不是靠堆砌，而是靠关系的共生性的组合和共生性的创造。

第五节　室内环境中家用纺织品色彩整体设计

一、室内环境中家用纺织品色彩认知

家用纺织品装饰是为了美化室内环境，是一种创造环境的艺术，在设计步骤上，要从色彩的视知觉出发，以实用及美化为终结，根据特定环境，进行特定设计的这样一种设计思想和步骤。家用纺织品装饰它包括室内空间的墙立面、地面、家具体面这三个基本面，在具体的家用纺织品色彩设计上要进行整体规划与设计。

（一）室内纺织品色彩设计的生理感受

对色彩的生理感受虽来自色光的物理特性，即可见光波对视网膜神经的刺激反映，但更大量的是来源于人们对色光的印象而唤起的心理联想，从而为色彩对比提供了心理感受的理论依据。人们生活经验的积累，使人的视觉心理活动中具有一种特殊的，常常是下意识的联系，视觉就变成了感

受的先导，当人们一看到红色都会引起条件反射，感受上也会感觉温暖，看到蓝色就会感觉到凉爽。如果把由色相决定的冷暖感进行概括的话，那么，在色相环上分为：红紫（RP）——红（R）——橙（YR）——黄（Y）是暖色系，蓝绿(BG)——蓝（B）——蓝紫(PB)是冷色系，黄绿(GY)——绿(G)——紫(P)是中性色系。在阳光充足的室内， 我们感到明媚温和，在自然光很少的室内，则感到暗晦阴森，由于阳光是我们生活最重要的条件，因此人们总是追求阳光而厌恶黑暗，色彩也有温和与阴森的感觉，这与冷暖、明度和彩度有关，彩度高明度高的暖色显出温和感，低彩度和低明度便有阴森感觉。尤其是在冷色素纯色或近乎纯色的色彩有强刺激性，使人感觉暖和，兴奋，而中明度靠向低彩度时，则使人感觉温和、柔弱。

色彩对于视觉的体积反映也有影响。凡是波长较长的色彩（暖色系），都能引起扩张性的反映，而波长较短的色彩(冷色系)则会引起收缩性的反应。在不同的色彩的刺激下，整个机体或是向外界扩张，或是向中心部位收缩。如果在室内相对两个墙面上挂上红色的装饰布，会使人感觉两墙面的距离缩短了，而如果用蓝色装饰布，两墙面的距离便增大了。因此色相的变化对空间感有一定影响。当我们看到一块明亮、光辉的白色，要比它同规格的黑色或暗色面积大且宽阔，因而大小相等的黑白色面在视觉上会产生白色面大黑色面小的错觉。色彩的明度等级可分为高明度、中明度、低明度。那么，高明度则给人以宽大感，低明度给人窄小感。这种错觉也就必然存在了。所以，在室内纺织装饰品中用高明度的色彩是常见的，如果在同样面积的室内用上低明度色彩的纺织装饰品，会使人感到暗淡，狭窄和沉闷。

色彩会产生对物体的重量感的影响。视觉对色彩感觉的轻重是由色彩的明度决定的，明度越低则越重。在室内不同的色彩明度对光照的反射率也不同。如果用光照射不同明度的物体，物体的反射光也会产生不同感觉。不同的色彩明度，它对光的反射率也不同，这是由色彩本身吸收光的程度决定的。室内照明度的强弱与反射或透射物体的色彩明度有很大关系。而光照度的强弱(考虑日照光)又决定于建筑采光的方位。如果窗户向北，室内日照强度就差，朝南的日照则强。由于对建筑形式与风格的追求。无论是我国的故宫建筑，还是法国的朗香教堂，以及到今天的现代建筑或后现代建筑。在设计采光部分都是很严格的，它与宗教、社会、时代、实用、延续 标志等都是分不开的，都有每个时代的特点。

（二） 室内纺织品色彩设计的社会性感受

在我们考虑室内纺织品色彩设计时，色彩的好恶感受是十分重要的。因为“艺术的主要职能是为人类提供愉快”，对色彩的好恶感具有性别差异、年龄差异和职业差异等，如果将各种颜色依人的不同偏爱去排列，也并不能发现什么特定的趋势和奥秘。而通过对市场上商品色彩的调查分析，却能得出比较明确的结论：对色彩的好恶因性别、年龄和职业而异。男性喜欢冷色，女性则喜欢暖色；明度高的受欢迎，而彩度方面则偏好于高彩度和中彩度；低龄层喜欢纯色，讨厌浊色，高龄层不太偏好纯色，中青年也不讨厌浊色；文化层次较高的偏好冷灰色，常处于兴奋状态职业者也偏好冷色。色彩的好恶感受也反映于时代倾向和每个时期的流行色彩，新的科学成就，鼓舞着人们去尝试新的配色系列，人类社会文化艺术的全部实践和成就，都在启发人们认识和发展“新的色彩”。

严格地讲，如果在室内纺织品色彩设计时，不从视知觉的角度，对室内纺织品色彩加以认识和理解，那必然会导致盲目的设计，也不可能对室内纺织品色彩设计做出满意的答复。室内纺织品色彩设计需要在掌握色彩视知觉的前提下，对室内纺织品实用功能分类以后，来确定室内纺织品色彩的基调，对色彩的明度、彩度、色相，色调等在室内有比例地进行总体设计。室内纺织品色彩设计一般以大面积淡色作背景，以面积小彩度较高的作平衡，以体积最小色彩鲜艳的作衬托或对比。色彩的千变万化，使人们对色彩的选择和感受也不相同。同时也给色彩的设计者提供了丰富的表现形式，使人们从和谐的室内纺织装饰品色彩中产生美的感受。室内纺织品色彩的设计必须从色彩视知觉出发，以实用及美化为终结，从而创造出一个愉快舒适的室内环境空间。

二、 室内环境中家用纺织品色彩选择

时代的变迁让人们的审美意识发生了转变，如今，人们越来越注重居家生活空间的情调和品位，家居纺织品作为家庭装潢中的“软装饰”，除了有其外在的表现力，更有营造房间气氛的作用。

不同的室内空间对家用纺织品需求是不同的，一款好的家用纺织品设计作品传达的不只是功能上或工艺上的美，更多应该是一种内在的人文精神、艺术情调和时尚品位。家用纺织品应该兼具功能和审美的双重需求，从感情心理出发，兼顾功能性，使两者互动融合。家用纺织品的装饰性、功能性和生态性都需要从材料、工艺、色彩和图案来体现。家用纺织品的品种繁多，购买单件纺织品要使装饰品和谐美观，与家居相互衬托，需注意以下三个方面：

（1）主色调。利用窗帘、贴墙布、地毯、床上用品等几种大面积的

装饰品，结合家具色彩，确定一个主色调。主色调是给人的第一印象，要避免色彩对比过分强烈和复杂，防止影响整体的统一。建议以一个颜色为主，其他的颜色必须服从这个主导色。

（2）陪衬色。就是对主色调起烘托作用的色彩。一般来说，每个房间都应该有个趣味中心，也就是说突出房间的重点，让人一进入房间就能被它吸引，如卧室的布置可以床为中心，即床上的纺织装饰用品的色彩可以鲜艳、丰富些；会客室可以沙发为中心，即沙发罩、茶几台布等纺织装饰品的色彩可以丰富艳丽些。

（3）点缀色。点缀色起画龙点睛的作用，常用于小面积的纺织装饰品。当墙布、窗帘、地毯等处在一个和谐统一的体系中，电视机套、枕巾等可选用鲜艳、明快，且对比较强的色彩。这种处理方法的效果就像一首既有高音又有低音的乐曲一样优美。不过，点缀色不能用得太多，一两处即可。

三、　家用纺织品色彩整体设计

家用纺织品色彩在室内占据着较大的面积，并具备室内硬件设施所没有的易于更换的优点，利用这个特点我们不仅可以构成室内的整体色调、渲染室内的时尚氛围、营造室内的艺术气氛，而且还可以通过它与时同步地更换纺织品色彩，使室内色彩、室内环境在与时俱变地变换格调、变换意境中产生变化之美。

舒适、温馨和美的室内环境必须要达到色彩上的整体化与和谐，这是家用纺织品色彩设计中的基本准则。在系统的设计理念的指导下，整体地张扬家用纺织品色彩的功能性，和谐地营造家用纺织品色彩的艺术性，巧妙地变换家用纺织品色彩的个性，是家用纺织品色彩设计的基本方式也是构建舒适与温馨室内环境的必备条件。

（一）　室内整体性的要求

室内空间的色彩构成，是以人对色彩的生理、心理的适应性和舒适感为要求的。完美的室内色彩设计既要考虑实用功能，也要突出艺术美感与使用者的个性。要达到这三点室内色彩设计的整体性是关键。

首先，要合理地把握室内环境的整体性，清楚家用纺织品色彩在这样的整体环境中处于何等的位置和能发挥何种的作用。当我们整体地分析与看待室内环境时就会发现室内色彩使用上的层级关系:天花板、墙壁、地面的颜色对室内主色调的影响最大这是构成室内色彩基调的颜色，我们可以作为第一色彩顺序把握；窗帘、沙发、家具及面积较大的纺织品，在室内色彩的总体效果中因所占面积较大其影响也相应地较大，我们可以作为第二色彩顺序把握；灯具、小的器物用具、小的装饰品在室内色彩气氛中因面积小主要起着点缀作用，我们可以将其作为第三色彩顺序来考虑。

通过理性的分析可知：室内环境中纺织品色彩的整体设计，必须要有一个整体的计划与顺序必须配合第一色彩顺序来张扬纺织品色彩应该发挥的作用。室内环境中第一主调色彩就是天花板、墙壁与地面的色彩。天花板和墙壁的色彩明度直接影响着室内光源光束的发散，故一般都选用反射率高的浅亮颜色。一般来说，这些色彩具有固定时间久、改动难的特性但它决定着室内环境色彩的大色调与整体性，是室内环境中第一主调色彩、第一顺序色彩是我们首先要考虑的因为这是我们展开纺织品色彩设计的基调和环境条件。室内环境中第二主调色彩就是室内环境中的纺织品色彩。面积较大的墙布色、帘幕色、窗帘色、沙发色、床品色、桌布色、地毯色等等，这些都是构成室内环境色彩面积较大的色彩也是可以随时变换和调节室内色彩的最快捷、最廉价的最佳手段。但其前提必须是：配合第一主色调整体性地完成室内环境色彩的营造，方可达到舒适温馨又美丽的目的。由于室内环境中包含着造型、色彩、材质、功能等诸多的因素，整体性是室内色彩设计的基本准则，在此基础上才能有效地体现室内色彩的和谐性。

（二） 室内和谐性的要求

色彩在物理、人的生理及心理上的特殊作用，已引起人们的广泛注意。同样室内环境中的纺织品色彩，也引起了设计师和消费者的高度关注，因为室内环境的色彩对人的诸多方面都有影响。

在人们的直观感觉中色彩有冷色和暖色之分，对室内纺织品色彩的选择与设计来说色彩的冷暖对于室内装饰色调的选定就具有参照意义。从地域与空间来说南向朝阳的室内空间宜用偏冷的色调；北向背阴的室内空间宜选用偏暖的色调。室内空间若处于偏僻之地则应多用暖色；而位居闹市之域，则应多用冷色。这样人的情绪就与环境、色调协调起来了。从时间与季节来说，夏季多用淡色与冷色调，使人不至感到过分炎热；冬季多用中明度与暖色调，使人不至于感到过分阴冷。在人们的直观感觉中色彩还可使人产生膨胀或收缩的错觉人们对色彩产生的或远或近的感觉，也是由色彩的冷暖与明度的高低引起的。因此， 室内空间的大小也是纺织品色彩整体设计中不可忽视的因素。根据暖色具有前进、膨胀感，冷色具有后退、收缩感这一视觉心理特征，宽敞的房间宜多用暖色而明度中等的纺织品色彩如此可以消除空间的空旷感而显得有紧凑感；狭小的房间宜多用冷色且明度高的纺织品色彩，会使空间感觉有所扩大。可见，纺织品色彩在室内环境中的合理设计在视觉上有助于达到室内舒适温馨的目的。

如果说设计的整体性带来的视觉效果是产生视觉冲击力的重要因素那么，设计的和谐性带来的视觉效果必然是打动观者心弦的重要因素。设计家用纺织品色彩环境时，人们常常强调色彩的和谐性原因是和谐的色彩不仅能给室内环境带来一种秩序感、整体感同时还会给环境营造出一种气氛和情调。所谓气氛和情调是指一定环境中给人某种强烈感觉的精神表现或意境。

家用纺织品的色彩，在形式上的美观固然能使人们得到一定的审美愉悦，但是要进入更高一级的审美层次， 则必须使整个室内色彩形成一种强烈感人的力量，也就是说色彩要构成一定的气氛或情调。当我们面对宾馆厅堂所呈现出的富丽堂皇或古朴典雅、庄严肃穆或轻松欢快、安静怡人或热烈动人、朴素无华或时髦新颖的氛围时，往往会有很深的印象，这就是和谐性的色彩关系所构成的色彩整体性所造成的感染力。室内环境整体色彩应构成什么样的颜色气氛或情调，这与它的用途和性质有密切的关系。家用纺织品色彩设计也必须合理地参与和营造这种气氛。一般来说起居室、会客室的纺织品和谐色彩所营造的气氛是和谐、亲切、轻松的；卧室的纺织品和谐色彩所营造的气氛应是安静、温馨、平静的；餐室、宴会厅的纺织品和谐色彩所营造的气氛应是明快、活泼的，书房的纺织品和谐色彩所营造的气氛应以古朴、典雅为宜，会议厅的纺织品和谐色彩所营造的气氛应严肃、庄重，卫生间纺织品和谐色彩最好造成洁净、清爽的气氛。总之，和谐的纺织品色彩气氛的营造，应给人造成一种视觉上的愉悦、精神上的舒畅与自由。

（三）　室内软装可变换性的要求

在现代的家用纺织品色彩设计中有一个不可忽视的重要因素，就是纺织品在室内环境中所具有的软装饰性和可变换性。与室内空间中固定的硬装修色彩——墙壁、地面、隔断相比，家用纺织品色彩的软装饰性和可变换性显示出它极大的优点。它不仅是以随物造型来美化室内环境的软性装饰物中的必用品之一也是室内环境色彩设计中最灵活、最易变换的装饰物。巧妙而灵活地利用家用纺织品可以创造出多样化、个性化的室内色彩新意境。

家用纺织品色彩的设计与使用必须紧密地与居室主人的职业、性格、文化程度等特点联系起来。巧妙地变换家用纺织品色彩的个性，可以随时而异。即与时俱变或与季节俱变地更换家用纺织品色彩。巧妙地变换家用纺织品色彩的个性可以随境而异，即与不同功能的空间俱变，来变换纺织品色彩。不同功能的室内环境需要有不同的纺织品色彩来配套，在纺织品色彩的选择、应用上应予以高度重视。一般地说，室内环境中的客厅，是起坐、就餐、会客的场所，应该运用较为明亮、柔和的单色来变化色彩情调，如乳白、浅茶、浅绿、浅蓝、米色等给人以自然、单纯的感觉，使人精神松弛、舒适如意。如果采用强烈的对比色，会让人产生心理压力，特别是室内空间狭小的，更不宜选择。而室内环境中的卧室，是休息、睡眠的地方也是使用纺织品面积最大的地方，应该选用略带灰暖色调、软色调的温馨色彩营造出能够促使人安静入睡的色彩环境。

第六节　流行色在家用纺织品色彩设计中的应用与创新

改革开放以前，我国消费者生活水平较低，由于思想的束缚和经济等原因，多数家庭的纺织用品十分简单，不但面料雷同且颜色单一，只存有可怜的实用功能。改革开放以后，消费者逐渐摆脱了思想的束缚，告别了贫穷落后，并且随着生活水平的提高，渐渐开始讲究生活质量，开始要求享受生活。“灰色和单调”的时代已经一去不复返了。各种家用纺织品正不断地受到新潮色彩的冲击，各种新产品又总是以新的色彩作为更新换代进入市场。要竞争就要有新的面貌，流行色日益受到关注，越来越多的应用于现代家用纺织品中，并已经起到一定的效应。

流行色在当今高速发展的社会中，作为一种跨地域的色彩语言，和其他流行元素一样影响着消费者的审美取向，反映在日用商品、室内外装饰、车辆及产品包装等关于消费者生活的各个角落，是一个拥有广阔研究前景和社会价值的领域。而现代家用纺织品伴随着消费者的生活起居，已逐渐从纯粹的使用功能向精神需要转化，并且在消费者心中占据日益突出的位置，是 21 世纪新消费观念下最具开发潜力的市场。把流行色与家用纺织品结合起来进行研究，探讨现代家用纺织品应用流行色的必要性和设计方法，旨在提高我国现代家纺产品的色彩效果和时尚意味，从而更好地满足消费者不断变更的审美趣味，并通过与国际家纺流行色的对比，认识到我国现代家用纺织品色彩应用的距离。

流行色是近半个世纪来，在我国出现的一门新兴学科。据了解，我国对流行色的研究在上世纪 80 年代初就已经开始了,1982 年中国丝绸流行色协会就创办了《丝绸流行色》期刊。蔡作意：《国际流行色》；卢一基：《国际流行色》等著作对流行色在纺织品中的应用进行了宏观论述；胥洪锦：《传统色流行色在纺织品设计中的应用》；阎鹤：《浅谈纺织品中的色彩》和伍海环、钱芬琴：《家纺色彩新理念》等相关学术文章对流行色在家用纺织品中的应用研究已达到一定的理论深度。此外，《流行色》《家纺时代》和《布艺世界》等期刊杂志在及时刊登家纺流行趋势的同时，亦对家用纺织品设计的色彩应用有所研究。

一、 流行色与家用纺织品色彩设计

“流行色（Fashion Color），意思是合乎时尚的颜色，是指在一定时期里最受消费者欢迎的色调。”或者说在一定的地区和时期内，社会上流行或者市场主销的带有倾向性的色彩。日本池田元太郎氏在 1926 年发行的《色彩常识》中这样写到：“人类本来就喜欢变化与新奇，但另一方面社会生活又有想顺从一般倾向的本性，流行色也由这个本性产生，因此生活于同一社会者，自然的趋向于某一特定的色彩，同时产生嗜好。这就是流行色本身真正的含义”。流行时期它常以产品的主色出现，而当流行周期结束，有些流行色便成为常用色，不再成为色彩使用的主体，通常是作为陪衬色或点缀色出现在产品之中。

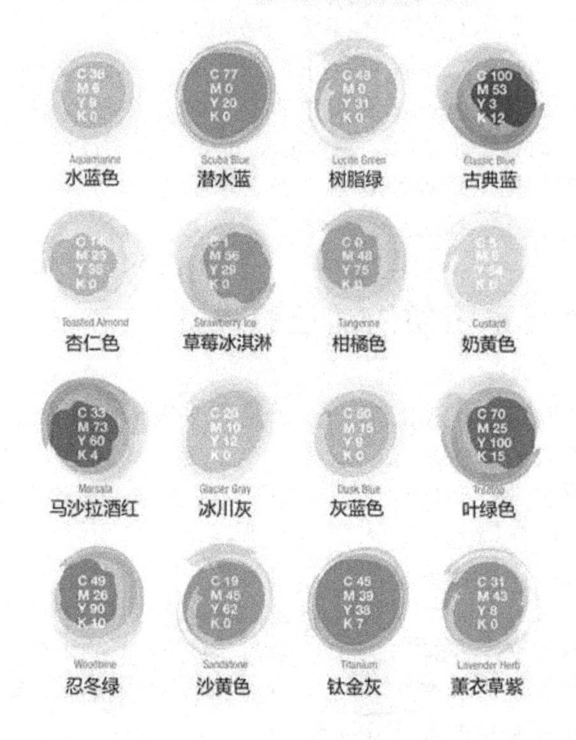

图 2-23 2015 年春夏流行色

流行色的立意是以社会心理变化的表达为依据的，所以就社会群体的行为而言，流行色是可以预测和导向的。1963 年 9 月在法国、联邦德国、日本的共同发起下，巴黎成立了《国际流行色委员会》。从此每年 2 月、7 月在巴黎召开国际流行色专家会议，超前 18 个月发布国际流行色。定期的发布形成了国际流行色的共向信息，对各国的设计和流行起着很大的引导作用。《国际流行色委员会》在预测领域具有很高的权威性，其自成立四十一年来制定的流行色定案在国际流行色研究领域和设计领域享有很高的权威性，真正发挥了指导生产、引导消费的重要作用，是对消费者生理需求、心理需求和社会需求的一次预测。这种预测不是盲目的猜测，而是有理论依据的，通过实践的检验，发布的流行色信息确实在世界相当范围内得到印证，成为时尚领域的风向标。流行色的应用已经成为现代家用纺织品设计的必然选择。

（一）流行色的应用能够满足消费者的心理需要

根据巴甫洛夫的高级精神学说：任何一个细胞如果处于单调的千篇一律的刺激物的影响下，那它就必然会因被刺激物质的衰竭或超限而转向抑制状态，从而寻找新的刺激物质。这是流行色产生的生物学基础。心理学角度研究表明:在生活环境中，人的感官知觉对色彩的反应与人的心理感受有极密切的关系，千篇一律的视觉刺激使人“转向抑制状态”（即视觉疲劳），视觉上的疲劳作用到心里，从而产生出“寻找新的刺激物质”的心理需求。

虽然家用纺织品在纺织品市场所占的比重远不如服装产品那么大，但随着生活水平的提高，消费者越来越注重生活的品质，而家用纺织品很能体现一个家庭的品位和生活质量，因此越来越成为消费的热点。伴随住房制度改革，全国房地产火热，带动装修行业的发展，室内软装饰也日益受到重视。由于长期使用同一种色彩会产生审美疲劳，同时又受到流行时尚趋势的客观作用，消费者就会萌生对于新色彩的需要。流行色的应用能够在主观上满足消费者回归家庭、回归舒适，注重人性化的心理需求。

绘画大师马奈曾经说过：“色彩完全是一种趣味和情感问题。”色彩给人造成的情感、心理作用是很大的。俗话说：“先看颜色后看花”，色彩是产品给人的第一印象，好的印象会促使消费者产生购买动机。根据巴甫洛夫的高级精神学说，除了具有民族偏好的传统色以外，消费者对色彩的喜好不是一成不变的，当某个或某组色彩长时期出现后，消费者会出现“腻”的感觉和对其补色需求的心理。流行色就是根据消费者的心理反应和需要及视觉生理的规律而产生的色彩，通常在色相、纯度、明度和色性等四方面呈螺旋上升的周期性转变。家用纺织品是现代家庭重要的使用品和装饰品，几乎伴随着人度过 1/3 的人生，因而对人的作用是多方面的。视觉上的审美疲劳会直接影响到人的工作和休息，原因是在表象的视觉背后，隐藏着缺失的心理。调查表明，消费者在挑选商品时存在一个“7 秒钟定律”：面对琳琅满目的商品，消费者只需 7 秒钟就可以确定对这些商品是否感兴趣。在这关键的 7 秒钟内，色彩占到了67％的决定因素。和谐与流行的色彩是解决对家用纺织品产生视觉疲劳问题的有效途径，也是满足心理需求的必要选择。所以，合理地应用流行色能够解决消费者对家用纺织品第一印象的问题，使其更好地迎合消费者的心理需要。

（二） 流行色的应用可以对消费市场起导向作用

“审美取向对实践有很大的依赖性。实践是美的精神得以显现的载体。”也就是说，流行色的应用作为设计实践，能够在一定程度上引导消费者的审美取向，应用流行色对消费市场的导向作用存在着合理的理论性。流行色的导向作用曾经超越过地方性的民族习惯，从而使产品流行起来。紫色，特别是深紫色，在我国一直认为是不吉之色，但是随着 1979 年国际上紫色的流行，使我国改变了原来的传统成见，一度紫色在我国几大城市风靡一时。黄色也是如此，曾经几乎有 20 多年在国内市场近乎绝迹，但是随着国际潮流的影响，唤醒了国内设计家对黄色调的应用，使大家对近于遗忘的黄色感到耳目一新，成为当时北京、上海、广州的时髦色。这种导向作用是企业最希望能够拥有的，因为它具有明显的针对性和目的性，可以减少不必要的浪费，有效避免错误的市场判断，为企业投资、经营作好了铺垫。可见，流行色的应用对市场的导向作用拥有实践的可能。

消费需要本身并不直接引起消费者采取购买的行动，而是当需要被唤醒从而转化为消费动机之后，消费者才会有以某种行动去达成一定目标的内在驱动力。消费者是否会采取购买行动，取决于消费动机的大小，而消费动机的大小，则取决于产品对消费者的影响程度。消费动机决定消费行为的方向，使行为指向特定的目标和对象。在消费者的消费动机中，包含新奇型和审美型两种，其对价格、实用性都不太看重，购买时注重产品的艺术性和流行性以及是否与众不同。色彩是消费者的第一印象，成功的产品深深地吸引着消费者，并产生强烈的消费动机，因而色彩的流行和对流行色彩的合理应用成为唤醒消费动机的突破口之一。流行色的应用是满足广大消费者喜新厌旧、不断求新求变的物欲心理的行为，是引导消费、传播文化艺术的行为，是唤醒消费动机的行为。时尚消费的超前意识与前卫的审美观念，促使一部分人率先购买。在从众心理的作用下，购买人数会增多，导致整个消费市场都会对新流行色的应用做出反应，其新的导向也由此形成。

在欧美发达国家，以“人”为本的家用纺织品设计直接影响着市场的消费走向。首先，优秀品牌已经获得了消费者的认可，产品对流行色的合理应用与其固定的消费群体保持一致；其次，大牌设计师凭借敏锐的时尚嗅觉和权威设计能力直接影响着即将出现的流行潮流，当设计师运用个人喜爱的色彩时，其实消费者的爱好已经包含在他的整个构思之中了。而当今我国设计样式的决定权在很大程度上还属于使用者，由于社会公众的审美水平与消费心理远没有达到符合时代要求的成熟程度，绝大多数的消费者对设计风格没有更深的理解，导致我国家用纺织品设计缺乏创新性，因而很大程度阻碍了设计水平的提高。用设计引导消费成为当今我国家用纺织品行业亟待解决的问题。流行色反映了一定时期内消费者的色彩喜好和选购倾向，所以，流行色的应用不仅能够而且应该对消费市场起导向作用。

（三） 流行色的应用是提高产品竞争力的关键

“色彩也是生产力”，这已不仅是一句口号，而是发达国家的现实。虽然我国加入了 WTO，但是贸易壁垒仍继续存在，秘鲁政府曾对从中国进口的 100 多种纺织品和服装实施为期 200 天的进口配制，理由是“中国纺织品以低于国际市场的价格进入秘鲁，对其纺织业构成威胁”。如今，在劳动力成本优势受到威胁的情况下，我国除了对来自各国贸易保护主义采取有效措施予以防范，还应该清醒认识到，我国在新型纺织纤维开发，纺织设备的技术水平、制造工艺、把握流行规律与引导市场的能力等方面落后于日本、意大利、德国等发达国家，产品附加值低，产品开发工作跟不上国际纺织工业发展水平。

在国内市场中，家用纺织品的消费量低于服装用纺织品，并不完全是消费水平的问题，其中原因之一就是在设计时色彩的搭配和应用不符合销售地区的流行潮流。消费者缺乏视觉刺激，很难产生心理上的消费需要，消费需要的强度达不到一定强度就无法转化为购买动机，从而一定程度上限制了家用纺织品的消费量。在国际市场中，事实证明我国出口家用纺织品卖不起高价，甚至不对路适销，除了质量问题之外，还存在色彩老套、缺乏流行性的问题。市场是残酷的，把握不住市场规律，不符合市场要求就会被市场淘汰。

阿恩海姆说过：“严格说来，一切视觉表象都是由色彩和亮度产生。”色彩是产品最重要的外部特征，它能为产品创造出低成本高附加值的效果。相同的产品，由于其色彩上的差别而往往通常使其在价格、档次和受欢迎程度上相差很远，漂亮颜色的东西看起来好像质量高一些，这就是色彩的功效。不少国内家纺公司正是对色的应用能力比较弱，不敢使用流行颜色，怕消费者不接受，无法获得色彩的附加价值，所以面临很大的销售问题。相比之下，国外的家用纺织品在色彩的应用上非常成熟，常常通过色彩先声夺人，引领消费潮流，获得了最大的色彩价值。

从产品营销的角度来看，流行色是表现在市场上的一种新形态的色彩流行的现象。当主消费群体的审美趣味对某组色彩发生了趋同的期望时，市场又提供了这种期望的色彩，就会造成相当规模的流行现象。“色彩流行现象的出现，从客观现象来说是一种经济现象，它反映了消费者收入水平的提高和生产工艺的进步；从主观上来说是一种心理现象，它反映了消费者渴望变化、求新欲望和自我表现等心理上、精神上的需要。”

但是，就目前的形势看，我国家用纺织品市场并未完全对主消费群体的审美趋同提供期望的色彩，而往往被国际品牌抢夺了头筹。原中国流行色协会副秘书长蔡作意先生早在 80 年代末就认为，我国纺织品出口问题的原因之一就是色彩不符合流行潮流。而色彩的问题迄今一直未能得到很好的解决。色彩与消费者的生理、心理等方面密切相关，色彩引导家用纺织品的消费，并对家用纺织品市场的适应力和竞争力起积极作用。另外，家用纺织品的经营与销售，是家用纺织品色彩设计的继续和延伸，家用纺织品色彩与市场信息有着密切联系，并表现出极大的相互作用力。一方面以新的色彩引导消费，促进家用纺织品市场；另一方面对市场信息有很大程度的依赖性，利用准确及时的市场信息指导家用纺织品色彩的设计与生产；同时，根据商品消费者的消费层次，从价格上考虑色彩成本方面的因素，设计出消费层次需要的色彩，以满足广大消费者的需求。因此，准确把握和应用流行色成为开启家用纺织品市场的钥匙。

二、 现代家用纺织品流行色应用的现状

1. 我国家用纺织品行业对流行色应用的整体重视程度不高

我国既是纺织品生产大国，也是消费大国。我国纺织品出口产值占世界总产值的 1/4，但是我国家用纺织品的出口产值却很少，并且所处的国际市场环境也不容乐观，由于世界纺织工业割据的东移，亚洲竞争对手纷纷崛起，劳动力成本的优势已经受到印度、巴基斯坦等国的威胁，再加上我国纺织工业技术改造迟缓，我国纺织行业目前处境十分严峻。目前，国际纺织品市场明显大过于求，随着纺织产业链的全球化调整，国际家用纺织品竞争更趋激烈。发达国家凭借其强大的技术优势，劳动生产率迅速提高，大幅度增大产品附加值，表现出比发展中国家更强的竞争力。2005 年中国家用纺织品企业的销售成绩虽达到了 5540 亿美元，但是，其中家用纺织品出口的 141.8 亿美元只占纺织品出口总量的 12%，所以我国家用纺织品在纺织品总出口量中的比重还很小。

由于我国家纺水平与国际差距很大，以及出口率较低，因而促使我国部分大、中型家纺公司，如罗莱、梦兰、金太阳等品牌不断努力加快追赶的步伐。残酷、激烈的国际市场竞争使其逐渐认识到产品色彩附加值的问

题。通过设计与生产过程中应用色彩的有效劳动可以为产品创造新的价值，即高附加值产品，其技术含量、文化价值等，比一般产品要高出很多，因而市场升值幅度大，获利高。色彩和谐固然有一定的价值，但是不符合潮流的色彩搭配即使和谐也不会被看好。于是这些品牌开始关注家用纺织品的流行趋势，注重把握流行色的脉络及消费市场的色彩需求，在一定程度上对消费群体起导向作用，并在色彩应用上强调产品符合时尚潮流，主张合理、正确地使用流行色，发挥流行色变化、流行的特点，并创建品牌定位。

我国自 2000 年首次发布家用纺织品趋势以来，国内部分家纺公司不仅理解、吸收了国外家纺产品流行趋势，而且已开始拥有自己的设计内涵和设计理念，并向世界推介中国的家纺产品设计理念和家纺新品，但是，大部分中小型家纺公司对流行趋势缺乏足够的重视，对流行色的概念和作用模糊不清。花色设计缺少原创性，把国外好的样品和市场畅销的产品纹样稍加改动，便直接投入生产。虽然产品中有流行的色彩应用，但是这种应用是盲目的和被动的，他们在为什么要使用流行色、用什么流行色和如何使用流行色等问题上缺乏认识、理解和研究，不利于整个家用纺织品行业设计水平的提高。

中国家用纺织品行业协会理事长杨东辉先生认为：我国家用纺织品企业对原创设计和知识产权概念不够重视，地区之间、企业之内，互相抄袭模仿的案子很多。在 2001 年法兰克福家用纺织品展开展当天，国际版权局就取消了共有 400 件国内家用纺织品公司参展产品的资格。这种“拿来主义”的家用纺织品设计导致公司品牌价值较低，并且无法摆脱高成本、低价格的局面，因此阻碍了整个家纺行业的发展，削弱了我国家纺的国际竞争力。

总体来说，我国家用纺织品行业自 2000 年以来已经意识到流行色在家用纺织品中的作用，大品牌已经做到表率，但是我国家纺公司近千家，大部分公司的忽视造成了我国家用纺织品对流行色的整体重视程度不高。

2. 我国家用纺织品设计人员对流行色的应用意识较为缺乏

目前，我国家用纺织品设计普遍忽视流行色的重要性，设计者在设计用色时多数不考虑流行预测中的颜色，而是依靠直觉为主，即使是参考市场成功案例的色彩，等到生产出来再销售的时候已经远远落后于别人了。原因是他们认为预测中的颜色与市场不符，只把注意力放在色彩搭配的效果上。资深设计师通常凭借直觉设计，因为他对流行趋势的较好把握，所以已经在潜意识中把流行色考虑进去了。然而这些设计师毕竟是少数，大部分设计者都没有驾驭流行趋势的能力，他们对流行色的概念比较模糊，对色彩的走向不是很清楚，况且很多还是刚毕业不久的学生，使用流行色的频率可想而知。经过调查，国内家纺公司每年推出的新款中平均少于四款是有意识应用流行色的，不到新产品总数的10%。大型公司相对比例大一些，以上海香榭里公司 2006 年上市的家用纺织品为例，公司全年共推出38款新产品，主动应用流行色上、下半年各两款，使用比率为10.5%。而其他中小型公司则应用的更低，有的甚至没有设计室，直接去买设计稿。虽然客观上买来的设计稿中有一部分是应用到流行色的，但是这种应用是被动、消极的，缺乏独创性和对销售区域的实际考虑和结合，同时受生产工艺的限制，因此市场销售的效果并不理想。

诚然，凭借直觉进行的设计，在形式上感性极强的家用纺织品色彩设计中是占有很重要的位置的，国际设计大师就较多的依靠直觉搜寻即将赋予新作的色彩，并且总是走在潮流的最前端，但是，纯粹依靠直觉来掌握色彩流行趋势又是极不可靠的，尤其对于实践经验还不够丰富、市场把握能力还有待加强的中国设计者来说，那种只有脑中的预想，不通过对实际市场调查和对流行预测的分析选择，随机性较大的直接用色，是很难与市场要求和消费需要相吻合的。流行色不是飘忽不定、难于捉摸的色彩，而是有规律可循的。不同地区、不同文化、不同民族存在不同的色彩流行规律。宏观的说，流行色的变化一般是从色相、明度和纯度三个方面向色环相对应的方向发展，其趋势将符合色彩视觉生理上的平衡补充的原理。所以，仅仅凭借直觉用色无形当中会增大家纺产品在市场营销中的风险。而在通过对市场流行色的数据进行的理性分析后，得出结论以确定色彩基调，然后在局部色彩的使用上根据经验作调整，最后依靠直觉相对主观的对整体进行调节和整理，是具有一定科学性的。既不影响整体的色彩流行倾向，又有针对性的细节处理，把直觉经验和科学分析有机地结合起来。

3. 我国现代家用纺织品应用流行色的效果较不理想

虽然我国家纺流行色彩的应用与国际家纺流行色之间显现出日益接近的趋势，但是与欧美及日韩国家（通称国外）相比，在产品的实际色彩效果上，国内还存在很大差距。同样使用了流行色，为什么会出现如此大的差别呢？

首先，我国家用纺织品色彩搭配的水平与国外还有一定差距。国外家用纺织品设计师在色彩应用上表现出排列新颖，构思巧妙，灵活到位的特点，色彩搭配基本功较高，有较深的色彩修养。“西方人分门别类的思维形式，带有独特个性的特质，充满了现实主义的自由性和个人意识，这是具有含蓄、求同思维的中国人所欠缺的。正是由于思维形式的不同，形成了不同的性格习惯和艺术表现形式。此外，国外培养设计师的方法与国内也有不小的区别，这是国外设计师基本功较为扎实的主要原因。国外对设计师的培养非常注重实践能力的培养，强调理论与实践高度结合，因而设计的整体素质比较高。相比之下，我国培养的设计人员则普遍存在或者缺乏理论深度，或者缺少实践经验的现象，所以还需要进一步提高自身文化水平，并与实践更好的结合。

其次，需要指出的是，采用了流行色的家用纺织品并不等于就是流行的装饰织物，这是两个概念，因为家用纺织品上的纹样及其面料也存在流行的问题。我国家用纺织品的纹样普遍缺乏创新性，即便是大品牌，也有很多从国外直接购稿，而当产品生产出来时，国外已经出现更加新潮的纹样了，所以我们在纹样方面已经落后，再加上我国家纺行业对民族特色挖掘的不足，产品缺乏竞争力也就显而易见了；面料也存在相同问题，我国自己开发的面料由于缺乏先进的科技支撑，质地不如国外丰富，纤维着色能力以及环保功能都有待提高。因此，纹样和面料两方面因素对家用纺织品的流行造成了一定的影响。

最后，我国家用纺织品日新月异，但是，目前我国的家用纺织品却存在一种盲目模仿的现象。由于我国的家用纺织品开发刚刚起步，产品设计人才缺乏，很多中、小型企业为了走捷径，模仿、抄袭国外和国内大品牌公司的家用纺织品设计图案，制成自己的产品出售。这种做法虽然省却了前期图案设计的投入，但是随着市场的逐渐成熟和竞争的加剧，消费者个性化需求的增加，产品没有自己的特色更没有自己的版权，一味模仿造成了民族特色以及时尚感的缺乏，丧失个性和创造性的问题十分严重，极大限制了流行色彩应用的多元发展。

三、　现代家用纺织品设计中流行色的应用

（一）　确定现代家用纺织品的色彩走向

作为纺织业三大最终产品之一的家用纺织品，已经不再是过去那种铺铺盖盖、遮遮掩掩、洗洗涮涮的陈旧形式了，而是逐步转变为追求个性、时尚、舒适、保健等多功能的消费风格，曾经被当作独立消费的床上用品、毛

巾、窗帘等家用纺织品已经成为具有自身文化、艺术内涵及流行性的室内软装饰的整体。随着社会的发展和时代的进步，家用纺织品已进入一个较高的消费层次，室内装修“软、硬”协调并重，家用纺织品已成为新的消费热点。但是，作为一名家用纺织品设计者，在应用流行色于设计之前，首先要对家用纺织品市场的色彩定位和色彩流行趋势有一定深度的了解和把握，才能做到有的放矢，以免延误商机，造成不必要的浪费，使公司企业受损。

1. 明晰现代家用纺织品的色彩定位

现代家用纺织品的色彩定位随着国家不同而有所区别。色彩定位是某个国家家用纺织品色彩的宏观基调，设计用色的宗旨首先要符合这个基调才可能迎合市场需求。如果设计者对家用纺织品市场的色彩定位一无所知的话，必然造成设计与市场的脱节，盲目的色彩运用只会造成产品积压和资金回流速度的减慢，不利于公司企业的发展。本人以我国家用纺织品为例，找出我国家用纺织品的色彩定位以供我国家用纺织品设计者参考。

近几年，我国保持稳定的经济增长态势，国家安定团结，但由于人们的生活节奏加快，工作压力增大，因而“家”的概念日趋重要。温馨、休闲的家能够放松紧张的心情，缓解疲劳，恢复体力并使人以轻松的精神状态迎接第二天的到来。因此，我国现代家用纺织品的颜色倾向温馨、休闲，设计用色较简单、明确，色彩以缓和色为主。目前，市场上的家用纺织品色彩缤纷，搭配多样，归纳起来有三种类型：一是以亮丽、时尚色为主，特点是时尚、明快。主要颜色有粉红、米色、金黄、浅绿、果绿、灰绿、浅紫色系、中黄、浅黄、蓝灰等，针对人群很广泛。因为这种搭配对比相对强一些，例如粉红和灰绿，既满足年轻人活力十足、追求新潮的个性要求，又符合时尚白领渴望年轻的心态，同时对颜色的明度和纯度进行减弱，能够避免视觉疲劳，配以印花工艺生产，在市场中占有很大份额。二是以经典、耐看的中性色彩为主要色系，感觉高雅、富丽，倾向各种灰色调的变化。主要服务人群为年龄在三十五岁以上的成功人士或老年人群。这种类型的色彩沉稳、典雅，一方面能够满足高品位的审美需要，另一方面起到消除工作压力的生理和视觉需要。经典的配色与经典的纹样结合，通过提花、绣花等高级工艺生产出来，自然成为地位、品位的象征，市场份额也很大。三是以强对比色彩为主，包含各种档次，颜色鲜艳、醒目，视觉冲击力强，但花型图案比较简单，如大地花或几何纹样等，市场份额相对较少。

现代家用纺织品设计强调以人为本，提倡顺应时代的发展，与时代精神一致，与时代环境协调。因此，温馨、休闲的色彩定位是符合我国时代要求的。色彩的明确定位为流行色的应用指明了方向，不论色彩多么复杂和多变，其宗旨是不变的，关键在于通过合理搭配把色彩的整体效果表现出来，与色彩定位保持一致，这对设计者的色彩修养和功力提出了很高的要求。

2. 准确掌握家用纺织品色彩的流行趋势

掌握家用纺织品色彩的流行趋势是指设计者要能够提前推测出消费市场对色彩的潜在需要，以保证设计的产品符合时尚潮流。其实，流行色的趋势是有规律可循的，其变化表现在色相、纯度和明度的周期性变化当中。以国际流行色为例，从1996年开始，中性色保持中心协调的地位并富于情感和理性，冰蓝和耳语绿色是当年的主导色，色彩偏冷，明度和纯度都不高；1997、1998年一直强调中性色的重要性，以中等明度的含灰色为主体，协调多种色彩倾向进行组合；随之而来的1999年流行色出现了变化，蓝色开始进入先锋态，且色彩由偏冷开始转向偏暖色调，蓝绿色调也随之流行；直到2000年，流行色在自1996年以来以冷色系为主的趋势中被明显减弱，总体感觉是冷色与暖色相互平衡，以白为主要色彩的高纯度、低明度的颜色为主调，色彩感觉朦胧、高雅、纯净，与三原色及其色系相配合，具有透明、纯洁、亮丽的色彩印象；2001年与2000年相比，总体感觉时明度下降，色彩提高，逐渐脱离灰色的影响，向暖色过渡。颜色搭配仍以低对比为主，色彩感觉仍然是和谐、透明、纯净。主色彩是橙黄色，黄绿色味先锋色，虽然明亮但仍具有一定灰度，各种调子带来一种怀旧的舒服感。2002年流行色延续了前一年的色彩主流，具有人性化的理念；2003～2004年的流行色精神更加自由化、个性化和情趣化，色彩颜度较高，对比强烈；2005年的流行色较2004年偏暖，总体感觉冷暖平衡，以蓝色为主调，流行高明度、高纯度的颜色；而2006年与2005年相比，色彩再一次从冷色系为主的趋势中大幅度减弱，且纯度提高。2010年浓橘探戈，2012年流行纯色，2013主要以荧光色为主2014柠檬黄、蓝色、大地色逆袭，2014—2015流行色趋势：红色系，橘色系，深色系，蓝色系，高级灰，油墨卡，通过对近年国际流行色的演变介绍，可以看出，色彩通常的流行周期一般为五至七年左右，尖端色彩流行周期为一年左右，明度和纯度也以周期性有规律的变化，而随着社会节奏的加快，其变化周期呈现出缩短的趋势，流行色彩的更替速度越来越快。

准确的市场定位和流行趋势是家用纺织品色彩设计的前提保证，它使设计者明确了设计的方向。在方向确定的情况下再充分发挥设计者的个性和创新，才能够更好地满足家用纺织品市场的各种需求。

（二） 把握现代家用纺织品设计中流行色与其它因素的关系

1. 考虑流行色与面料组织结构的契合

家用纺织品色彩作为可视的形态必将涉及一个视觉传达的问题，即以具体的、可触的物质为载体，通过技术和技巧构成外部形式，产生独特的审美价值。考虑色彩与面料组织结构的契合，就是在主题和题材的限定下，把色彩本身的面貌和含义与容纳它的载体类型相结合，找出色彩与面料存在的最佳结合点，把设计者所构思的效果完美地表现出来。美学家曾指出：“如果在探索和创造美的时候，我们忽略了事物的材料，而仅仅注意它们的形式，我们就坐失了提高效果的良机。”流行色彩作为一种普及的审美对象，存在于消费者的家居领域之中，而它从视觉向精神、情感转化时必须借助各种面料为载体。这种与媒介物质肌理的特点的配合，直接影响到色彩的附着效果，随之影响审美效果的好坏。棉布的质朴、自然、随和，丝绒的凝重、高贵、深沉，乔其纱的轻盈、流畅、柔和都会给人以不同的感受。因为一种颜色印在质地粗的面料上，刺激性较小，给人的视感觉较迟钝，光线的反射力小且不稳定，所以有伸张扩大之感，纯度、明度因阴影的关系而降低，表面感觉趋向柔软而暖和；如果把同种颜色印在质地细的面料上时，则表面看起来较硬，因组织结实细腻光滑的缘故，反射力大且视觉较为稳定，给人刺激大，色觉硬而冷板，且有收缩感，显色性增加，纯度、明度增高，视觉的活泼性也会同时增强。这是因为各种不同的组织对同一个颜色会产生不同的明度和色度，大红色在缎纹上呈大红，在平纹上色光要暗一些，乔其纱上就像绯红。以绸面料为例，家用纺织品色彩的显色效果主要受四种组织结构的影响：

（1）色彩与平纹的关系。平纹由于经纬交织多，因而对色效的影响非常大。如单经单纬的平纹组织，经色配红，纬色配黄则织成的绸就闪橙色。但是，在平纹色织格子绸上配色时，要避免出现横条过亮的问题，因为经丝一般比纬丝细，所以经丝的显色效果弱于纬丝，结果产生横条色光过亮的毛病。解决办法是在配色时采取经丝色彩的鲜艳度、明度比纬丝高，或者增加经密，以加强经丝的色光。

（2）色彩与缎纹的关系。缎纹组织的特点是色丝在绸面上的浮长比任何组织都多，所以色光容易显露。缎纹组织的密度较高且显色准确，但其配色须保持缎纹面的色泽度，因此与经丝交织成缎面的纬丝色彩必须与经丝颜色接近。

（3）色彩与斜纹的关系。斜纹组织在绸面料上的色彩光泽的反映，是介于平纹和缎纹组织之间。设计者须要注意的是，两种色彩在斜纹组织中交织，由于它的交接点多于缎纹组织，如果经纬色差太远，绸面色彩就会发花，色纯度就会下降。

（4）色彩与经纬密度的关系。经纬色丝在未交织时颜色都很鲜明，一经交织就会发现色彩不如原来那样鲜明，某些品种的色彩则变化更大，这是因为经纬密度影响了色彩的效果。例如，纬三重绸的密度大于纬二重绸，显色效果就存在差别，如果在纬三重绸上配淡黄色能恰到好处，那么，在纬二重绸上就非配金黄不可，也就是说在这类织物上配色要增加一倍的鲜艳度才能达到预期的效果。

因此，我们在进行家用纺织品设计时，必须考虑色彩与面料的契合，只有当流行色与面料肌理的良好配合成为最佳伴侣时，才会增强总体视觉吸引力，产生出相得益彰的最大流行效应。

2. 注重消费者的个人因素

注重消费者的个人因素，首先要明确市场不同的消费类型及层次。据专家研究表明，消费者的消费行为表现为六种类型：①习惯性；②理智型；③经济型；④冲动型；⑤想象型；⑥不定型。现代家用纺织品的消费行为自然属于其中。在明确消费类型和层次的基础上，可以看出这六种类型中，流行的参与者多数属于后三种类型的人，占消费者约 40%，但这股力量足以形成左右市场的主流，并且以 20～40 年龄段的人群为主。这个年龄段包括 20～30 岁的年轻人和 30～40 岁的中年群。年龄的差异造成审美趣味不同，年轻人喜欢对比明快、鲜艳名目的色彩，颜色纯度较高，而中年人由于成熟稳重，对流行时尚的敏感度相对低一些，因而较喜欢淡雅、温馨的搭配，经典而不张扬。所以，家用纺织品流行色的应用应采用“定色变调”的手法，在整体色彩倾向不变的前提下，通过明度和纯度的变化，创造出各种不同的色彩效果，迎合不同人群的审美品味。

另外，社会心理学认为：以群体形式生活的人类，有一种“从众”与“逆反”相矛盾又相互依存的心理特征，它会直接影响到人们的行为中，使有些人总希望自己有别于他人来突出自己。具有这种逆反心理的人，大多数是流行参与者或“新潮一族”。而还有些人则希望自己隐没在人群之中，毫无标新立异的欲望，他们大多数为不参与者或被动参与者。即便是在参与者行列中，也是持有不同态度，采取不同程度的行动。很明显，在参与者中明显的会分出两部分：一是引导色彩阶层——色彩的传播者；二是色彩参与阶层——色彩的接受者。传播者的个性特点是占有大量的信息、材料及敏锐的色彩感受，积极地接受和传播来自媒介的信息，始终走在接受者的前面。接受者的个性特点是容易被劝服，缺乏坚定的色彩信念，当其越是承认自己是一个群体的成员，用与该群体价值相悖的信息去影响它的可靠性就越小，主要依靠个人接触作为行动的倡导。因此，现代家用纺织品流行色的应用，应先重点研究色彩传播者的最新喜好，然后把其喜好色彩与常用色或者即将过时的流行色合理的结合，既分清了主次、轻重，又能够兼顾传播者与接受者的需要，时刻与市场同步。

3. 顾及民族性的色彩爱好

色彩设计大师朗科罗在“色彩地理学”方面的研究成果证明：每一个地域都有其构成当地色彩的特质，而这种特质导致了特殊的具有文化意味的色谱系统及其组合，也由于这些来自不同地域文化基因的色彩不同的组合，才产出了不同凡响的色彩效果。

脆弱的人类由于外界恶劣的环境而本能的渴望掌握征服环境的技术，以求得安全感。随着时间的推移，氏族发展成部落，部落组成部落联盟，成为民族的最初形态。而这些在相同环境中生活的人群慢慢形成相似的生活习惯和生存态度。这种态度逐步演变成某种约定、规范，最终积淀下来，产生了民族的习惯。在很长一段时间里，他们拥有相似的表达方式：语言、信仰、艺术等。民俗的外在和内在特征十分明显。现代社会变革和技术发展加快，民族之间的交流增多，许多民族的外在特征变得淡化、模糊了。但内质却不易消除，固有的价值观和审美观使其在事物的评判上具有特有的倾向。以中国红为例，中华民族对于红色有着特殊的理解，并赋予其丰富的内涵。大红色在中国为五方正色之一，颜色正，在古代唯帝王才有权享用，具有很强的阶级和政治色彩；但同时，大红色在民间又蕴涵喜庆、吉祥的意义，是最常用的颜色，显现出大红色在中国人心目中的崇高位置。因而，稍逊于大红的粉红、杏红、桃红等被沦为配角，不像西方设计师的笼统应用，把粉红、杏红、桃红统统应用并表达热血沸腾的感觉。所以，在国际上，中国红被刻上东方色彩的印记。2004年，西方各大品牌盛行红色，必然影响到中国市场，但是，在对世界流行色系中红色的比较中不难发现，西方流行的红色系只占有有限的市场，大红色（中国红）的主体地位始终未被动摇，一直是消费者对红色的首选。

民族性的色彩爱好对家用纺织品市场来说，是指具有相同价值和审美趋向的群体在家用纺织品色彩上所持有的共性。设计者在设计家用纺织品时，必须顾及民族性的色彩爱好。从社会心理学的角度来看，民族性的色彩爱好是从众心理第三阶段——内化的外在表现。将准则信念内化，这是对社会影响最持久、最根深蒂固的反应。不同民族中，自然存在能施加影响并且值得信赖的人，其具有很好的判断能力。那么，这个民族很容易就会接受他（或她）所提倡的信念，包括观念、审美、爱好等，并把这些信念纳入自己的准则体系中，一旦它成了自己体系的一部分，它就可以和施加影响的发源者无关而成为自己的准则，并且将变得非常难于改变。在我国，北方民族对色彩的偏好主要是中性色和冷色（暗色）系统。尤其是中性色——黑白灰，有较大使用量；而南方民族则较偏好暖色和鲜艳的色彩系统。所以，家用纺织品设计者在设计时应充分考虑民族地域的色彩爱好，尽可能缩短流行色与民族地域的差距，以寻找两者之间的融合点为目的，让消费者接受。

4. 强调与品牌定位的统一

品牌，是一个产品不同于另一产品的标志，也是一个企业不同于另一个企业形象标志。谈到品牌，自然会让人想到名牌。品牌是商品经济发展到一定程度的产物，最初是用于识别，后在近代和现代商品经济高度发达的条件下成为品质的象征，给商品的生产者带来了巨大的经济效益和社会效益。品牌是企业形象的代表，并且能够为产品带来极高的附加值，是现代市场竞争中不可缺少的要素。

色彩是品牌表现的形式之一，能够给消费者带来直观的感受。因而，现代家用纺织品设计在应用流行色时必须考虑到品牌因素，其选择和搭配都得围绕品牌定位来进行。品牌定位决定了色彩的风格，国内外大型家纺公司都对品牌给予了高度的重视，产品设计及其强调品牌的整体统一。例如美国的 ESPRIT 品牌，它代表着一个充满干劲、推崇合作，追求理想以及对生命积极乐观的时尚生活品牌。活力、明快是其用色目标，因而在 ESPRIT 的家用纺织品中，经常是以清新亮丽的色彩结合简单的几何纹样出现，所应用的流行颜色明度和纯度较高，活泼轻松，为顾客塑造了一种生活方式，一种对生活的态度，一种对自我的感觉。在国内，以富安娜品牌为典型，其产品的整体感觉就是富丽堂皇，色彩艳丽，纹样丰满，目的是为久居车水马龙都市的人士创造一个唯美的精神家园，给人以雍容华贵之感。

2014 年我国春夏家纺市场春意盎然，色彩趋于明亮、丰润，富安娜就大量地运用了绿、黄、红等鲜活丰富的色彩，纯度较高，多采用花卉、树木等自然元素为题材，适合当时大多数中国家庭的喜好，深化了品牌形象。

品牌定位需要根据准确的市场分析得出的，盲目跟风产生的所谓品牌很难有长远的发展空间。按国际惯例，各类家用纺织品是根据产品风格来进行品牌定位，品牌多以前卫、传统（保守）、经典（古典）等来区分。我国的家纺企业虽然急于推出自己的品牌，但是对品牌定位概念模糊，没有按照产品风格定位来指导设计或生产。这种现象直接导致众多国内的家纺品牌产品色彩杂乱无章，与品牌定位脱节较严重，缺乏整体特点，减弱了品牌在消费者心目中的印象，不利于市场销售。所以，设计者应深刻理解本公司的品牌内涵和服务人群，对时尚色彩进行有针对性的分析、筛选和提炼，把符合本品牌特色的色彩应用于设计之中，创造出有个性的产品，与品牌定位统一起来。

（三） 现代家用纺织品中流行色的体现

1. 流行色与常用色搭配更好地把握流行主题

世界时装大师伊夫·圣·罗兰曾说过：“你可以用你全部技巧画出漂亮的草图，但如果不会选择合适的材料和颜色，就不能设计出心满意足的服装。”他精辟地指出了色彩设计是服装整体设计的重中之重。同样，现代家用纺织品的设计成功也离不开色彩设计，而流行色和常用色这两个色彩要素的应用与组合自然成为现代家用纺织品紧跟时代潮流，符合消费需要的关键。

消费者对流行色的亲和程度是不同的，大体分为三种：①激进人群。这类人群崇尚流行色，与流行色的亲和程度最高；②中间人群。此类人群具有矛盾的审美思想，既对流行的事物表示关注，又不愿做时尚的弄潮儿；③保守人群。这类人群不为流行所动，只喜欢常用色或者具有民族特色的颜色。这三种类型并不是一成不变的，客观和主观的因素都会导致相互间的转化。当激进人群的审美变化过程慢于流行变化过程，如年龄的增长或者个性的转变等，就会成为中间人群或者保守人群；保守人群也会由于审美过程快于流行变化过程或者因同事、朋友和社会的影响而转变为中间人群或激进人群。虽然亲和程度不同，但是说明了消费者的选购需要是多方面的，不可能全选择常用色，也不可能全选择流行色，作为家用纺织品的设计者，必须考虑到消费者的审美差异，满足消费者不同的选购需要。这种现象的存在，客观上促成现代家用纺织品设计把流行色与常用色结合起来使用，在兼顾消费群体的同时追逐时尚潮流。唯其如此，才能“百色中百客”，使各种层次的消费者各得其所，从而扩大销售面，求得最大的经济效益。

在流行色和常用色的应用组合中，与面料花纹的配色经常采用如下几种类型：

（1）地纹采用流行色，上面的浮纹花型使用常用色，多用于花型稀疏的清地、半清地花纹组织的面料设计，其纹样适用于古典花样、花卉花样、动物花样以及民族花样。

（2）主要花型色彩采用艳丽的流行色，地色为沉着的常用色，使花色整体达到缓冲调和的效果，适用于生态花样、佩兹利纹样、中国风格花样等。

（3）流行色与常用色的互配空间混合，流行色系之间的空间混合，常用色之间的空间混合成为流行色系。此三种配色方法都是用两种以上的色彩细小形象并置产生的独特视觉效果，常作为抽象几何图案的配色方法。

（4）以黑、白、灰或其中一种无彩色系颜色为主，加入一两种或两种以上的流行色，体现出时髦感，比较出效果。

（5）全部运用流行色系中的色彩，也是较为普遍和易见效果的搭配，一般在流行中期使用比较稳妥。因为流行中期的色彩已经被广大消费者所接受，与消费者的审美趣味相符合，所以，此时全部运用流行色系中的色彩是应市场所需的搭配，是时尚的、安全的。

2. 行色与纹样结合呈现出新的时尚意味

生活在充满色彩的环境中，大多数消费者对色彩的认识是感性的，“远看颜色近看花”成为日常购物的准则。在家用纺织品中，纹样与色彩（即花色）对于家用纺织品的美感起到不可忽视的作用，是家用纺织品设计美学的灵魂。对色彩与纹样关系的处理好坏直接影响到整个家用纺织品设计的质量和成效。首先，根据预先设想的整体风格对色彩和纹样进行配置。例如设计古典风格的家用纺织品时，纹样多选用表现古典的题材，其中有欧式的经典花草纹样，或者传统的条纹、格子构成的几何纹样等。在色彩上应以典雅、耐看的中性色彩为主要色系，在各种灰色调的变化中寻求一种优雅、宁静的色彩形象。由于纹样是多层次和多方位的，如果色彩配置没有根据整体风格进行，就会出现不伦不类的设计，失去色彩与纹样的民族性、时代性和艺术性等氛围。其次，根据纹样的面积大小确定设计的主色调。当纹样面积大而余地少时，通常以纹样的颜色作为主色调，能够出现单色多层次或绚丽多彩的艺术效果；当纹样面积小而余地多时，以地的颜色作为主色调，能够给人以轻柔、理性的花色印象，有时也可以显示出面料材质的高档感。在主色调中适当地添加流行色彩，是应用流行色的常见方法，能够使色彩整体效果较好地符合流行主题，更好地贴近时尚潮流。

纹样风格和色彩情调本来就是密切关联的，当推出流行某些色调时，只有与之相协调的纹样风格，才能成为流行色的最好表现形式，才能呈现出新的时尚意味。花色的流行通常以流行主题为灵感来源，依据主题选择不同纹样和色彩搭配。纹样多来自世界各地的民族纹样，或以古典的、传统感的纹样作为花色的设计主流。或以富有大自然情趣的生态景致作为花色的流行倾向，以结合每个流行花色主题设计的色彩组合，从而满足消费者对于家用纺织品花色的求新愿望。以 2013 年法兰克福家用纺织品展为例，其发布的流行主题为复古趋势、新自然主义和波普风格，这三个主题决定了相应的花色。复古趋势主要指把与哥特式、巴洛克式、洛可可式等欧洲的经典艺术风格相符的经典纹样与新的流行色结合，在现代设计理念指导下重新表现古老的历史主题，并以此来重新唤起人们的注意力；新自然主义则以表现花卉、昆虫、鸟类和自然风光为主，最本质的意韵是接近自然，运用自然原色和天然材质为潮流特色，吝惜装饰元素的运用或含蓄运用，更多运用的是艳丽而浓郁的热带色彩；波普风格决定了和大众文化有关的图案和色彩，特别是对广大青少年，常常以大众或通俗的题材为设计元素，运用夸张、比喻、幽默等手法，描绘出生动的审美趣味。因此，在流行主题的指引下，流行色与特定纹样结合具有较强的针对性，在迎合消费者需求的同时又引导着潮流，呈现出新的时尚意味。

但是，在流行色的应用中，如果只注意了色种的特点，而忽视了色块之间的位置特征、面积大小，就会显得貌似神离，甚至弄巧成拙。因此，流行色的应用，关键在于形与色之间关系的处理，如此才能创造形形色色的流行环境。随着流行色应用的日益深化和扩大，近年来出现了一些以表现色彩为主的纹样，它放弃了过分具体的纹样刻画，不追求层次的变化、相互呼应和宾主关系，常以块面、线条变化为主的表现方法。我们常见的挥洒自如、奔放活泼的抽象纹样，就是利用各种富有流动感的笔触，将中、小的块面处理成似花非花，仍是而非的纹样，为色彩的设计提供了充分的发挥余地。它既可配成庄重、典雅的色调，也可选用艳丽、明亮的色彩，与纹样造型的气质相呼应，形成富有魅力的情调。

3. 流行色在不同流行阶段扮演不同的角色

色彩的流行是呈抛物线形式出现的，在起始阶段只被小部分人群接受，在上升期和成熟期应用范围最广，当新的流行色出现以后便进入衰退期，很快转变为常用色间断的应用在家用纺织品之中。由于家用纺织品没有服装流行变更的速度快，所以流行整个过程中各个阶段时间相对长一些，流行色在不同阶段应用时所扮演的角色也相对明显许多。家用纺织品设计者就是根据色彩流行的不同阶段而针对应用。

在某一色彩流行的初期，消费者并未从原来的审美趣味中转移过来。这时，流行色通常是以点缀色的身份出现，点缀色是在图案的适当部位起点缀作用的色彩。点缀色的图案常为点状或线装，面积小，不会破坏图案的整体效果。家纺公司还未来及对这一色彩进行市场检验，一般不会冒险大面积使用。等到第一批产品投入市场后反馈的数据证明确实效果很好，才会把其运用于图案主色当中。其实，虽然点缀色面积小，图案简单，但是已经在潜移默化中影响了消费者审美的眼光。对时尚敏感的人群会率先注意到这一颜色，并产生共鸣，随之传播开来，不断影响和改变周围人群的消费观念和审美趣味，因而色彩开始进入稳定的上升期。以紫色为例，2003年底紫色已经存在流行的迹象，但由于过去应用较少，所以还是以点缀色的身份出现，能够较为自然、合适地走进消费者心中。

在上升期至成熟期的色彩，不再充当点缀色，而是以基色或者主色的角色出现，并常陪衬以常用色。基色是构成面料色调中面积最大有最基本的色彩，对主色调的形成起着决定性作用，设计时须要把握好色彩之间的配合关系，如浅色地、深色花；深色地、浅色花；中间色地、深色或浅色花。而主色是图案主要表现的色彩，主色图案的色相不宜过多，否则易杂乱。2009年底开始流行的紫色经过 2010年底逐渐达到了成熟期，曾刮起了一阵紫色旋风。其中以金太阳家纺生产的《紫色物语》最为畅销，此产品以紫色作为主色调，结合生动、新颖的纹样，创造了几十万米的销售佳绩。以流行色作为基色或主色，说明此种颜色得到了市场的肯定，满足了消费者的喜好，设计者无须担心色彩不符合时尚潮流，所要解决的就是如何搭配、组合的问题，以及对此种流行色衰退期的预测。物极必反、盛极必衰，达到成熟期的色彩因为长期流行而使消费者产生了厌倦的感觉，求新、求变的时尚人群已经开始把注意力转移到新的色彩上了，过时的流行色便以陪衬色的身份慢慢退出时尚的舞台，逐渐被新的色彩所代替。

4. 现代家用纺织品设计应用流行色的基本形式

（1）单色的选择与应用。单色的选择在现代家用纺织品受到一定条件的限制，现代家用纺织品的功能就是缓解人的工作疲劳，营造一个温馨、舒适的环境，所以，深色尤其是黑色一般不以单色应用于家用纺织品之中，而是以明度较高，色调偏暖的颜色为主，如米黄、粉红、浅绿等。单色的应用通常与精湛的工艺和高档的面料结合，可以弥补颜色单调的不足，在简约中见精致，平淡中见惊奇。

（2）同色组各色的组合和应用这是一种邻近色构成法，即同种色系的颜色之间的组合，也是最能够把握流行主色调的配色方法。在同色组内，取两个或两个以上的颜色灵活配合，如酒红色与粉红色、橄榄绿与浅绿色等，可以构成既统一又丰富多变的色彩效果，具有一定的稳定性。除各色相配合外，还可以进一步变化各色相的明度关系，使两个以上的色与其变化出来的不同明度色的配合，显得更加丰富和细腻。这种搭配高雅不俗，通过色彩面积和形状的对比产生新鲜感，消除层次过于接近而产生的暧昧感。

（3）流行色与常用色的组合。这也是现代家用纺织品流行色彩设计中最常用的组合方法。这种设计方法，可以较好地与环境协调，引起消费者的共鸣，既能体现一定的流行感，又能为相对保守的人们所接受。罗莱家纺《花间魅影》是流行色与常用色组合的典型案例，其中以当年的流行色蓝色为主色调，同时配以明黄、淡紫、白等常用色，色彩对比和谐、错落有致，给人以爽朗明媚的感觉，无愧为罗莱家纺 2012 年的销售冠军。

（4）各组色彩的穿插组合与应用这是一种多色构成法。使用全部流行色彩或者与常用色来结合，是最为普遍也易见效果的方法，各色组色彩的穿插是多色的对比统一。通常采用一种色为主色调，其它各组合色有选择的穿插应用，变化丰富。这里主要包括两种类型，一是邻近色的组合，二是对比色的组合。前者较容易形成和谐统一的色调，但需要注意色彩之间的纯度和明度的相互衬托关系；后者首先要考虑对比色之间相互面积的大小关系，以此确定对比的程度和强度，然后是色彩之间形状、位置和聚散的关系，改变形状和距离都会影响到对比程度的强弱，再次是在明度和纯度上寻求区别，为了达到整体色彩平衡，一般是面积大的颜色纯度和明度低一些，而面积小的颜色纯度和明度高一些。

（5）流行色与黑、白、灰色系的组合和应用。这种组合可以不同程度的起到调和、强调和减弱的作用，是对以上几种搭配的补充。

四、 流行色在家用纺织品设计中的展望

（一） 科学认识流行色的作用和强化流行色的应用意识

对流行色作用认识和应用意识的缺乏，造成了我国家纺行业对流行色应用未有足够重视的现象出现。所以，为了合理、有效地应用流行色于家用纺织品之中的第一步，就是要科学认识流行色的作用和强化流行色的应用意识。

强化流行意识，就是强调自觉性，即自觉地、积极而有效地掌握和运用流行规律。“强化的流行意识，首先是对流行意义和作用有正确的认识，对‘流行色’在家用纺织品设计中所占重要的位置有深刻的理解。同时，对于流行色预测与实际流行色，要有高出普通人的认识和理解。对于大多数人而言，最多只是知道什么是流行色，正在流行什么；少数人能够通过对流行色了解而深化为知识，即知道怎样参与流行和怎样做；只有个别人可达到了解流行色现象的原因和发展趋势，即达到智慧层的预测与创造。可见，设计师对于流行色的研究和应用，应该是第三层或第四层次的高度，才能在家用纺织品设计中及时科学地应用流行色。其次是化被动为主动，积极地、广泛地对流行色现象有全盘的、深入的了解，坐在设计室里苦思冥想，无异于闭门造车，应该随时随地观察消费潮流，培养敏锐的观察力和科学的预测性。”

如果设计师能够主动收集市场信息，预测市场趋向的精神，那么其设计必将有新的面貌和新的市场。要强化家用纺织品设计中的流行观念，必须建立一套行之有效的科学方法和合理的制度。诸如：色彩的调研制度，色彩的市场监察制度，色彩定期理论培训制度等，但通过它可以达到使设计师们走到时代前列的目的。

（二） 培养设计人员的时尚敏感度和色彩修养

要使家用纺织品具有时尚性，作为设计者本人，应该对包括色彩在内的时尚流行趋势有准确和及时的把握。这就要求设计者除了理性的数据分析之外，还要具有敏锐的时尚嗅觉。如果整天满足于应用已经流行的元素，必然造成设计的产品缺乏新颖性，始终走在别人后面，销售量也难有突破。灵敏的嗅觉是把握流行的关键，国外的设计大师更多的是依靠自己对时尚的直觉进行设计，即便是预示流行的微小细节都不放过，这是我国家用纺

织品设计者所欠缺的。家用纺织品设计人员应努力提高对时尚的敏感度。首先要对新鲜事物和事件有极大的兴趣。事实上，很多新鲜事物的出现都对整个时尚潮流造成了一定的影响，例如大众文化的出现造成波普风的流行，2001 年 APEC 会议在中国的召开引起唐装流行等，因此，只有对新鲜事物产生好奇，才能在不断认识和接触当中发现诱导或影响流行的元素，掌握流行的第一手资料。其次，设计人员应多关注国外（特别是欧美）的流行动态，毕竟国外流行的步伐先于国内，长期关注国外潮流能够保证设计人员始终与时尚流行保持紧密联系，避免流行意识的止步不前。再次，设计人员因从服装设计中体会时尚气息，因为服装与流行结合最为紧密，所以，不断从服装中借鉴可用因素也是避免家用纺织品背离潮流的重要保证。此外，色彩修养也是设计人员应该具备的。色彩学是一门科学，有很强的理论深度，它牵涉到色彩生理和心理的范畴，并不是仅仅依靠感觉就能把握住色彩的整体效果的。所以，家用纺织品设计人员要想较好的应用流行色，就必须对色彩有较为理性的认识，在理论与实践结合中不断提高自身的色彩修养，从而在潜移默化中搭配出精彩的色彩效果，提高家纺产品的整体层次。

（三） 从色彩设计入手提升家纺品牌的附加值

拥有高知名度的家纺品牌，就意味着拥有着宽阔的家用纺织品市场，拥有着家用纺织品市场的高占有率，拥有着由此带来的无可估量的经济效益和社会价值，必然是为消费者所首选。而没有品牌的家纺产品，只能永远是市场的追随者。据资料统计，中国的家纺生产企业虽数千家，家用纺织品生产量虽然很大，但却没有自己的像样的、叫得响的家纺产品品牌，或者说缺乏能与国际知名品牌有竞争实力的品牌。当我国加入 WTO 之后，这种没有自己品牌的家纺企业和生产，只能给外国的家纺企业打样加工，或者只能生产廉价的家纺产品。

色彩虽然只是反映品牌特色的形式之一，但是色彩具有第一可视性，能对品牌形象和特色造成直接影响。因而，从色彩入手是提升我国家纺品牌附加值的有效途径。

（1）根据品牌的针对人群决定产品色彩的范围。品牌必须对市场有明确的针对性，面面俱到、平均用力是不利于品牌发展的。在主要针对人群确定以后，产品色彩则围绕这一人群的喜好应用。如果针对人群为 35～45 岁年龄段的人群，其审美特点是淡雅、和谐，温馨，讲究品味和质量，那么，所应用的色彩应以偏暖色调、中高明度和中低纯度为主，对比不明显，通常结合经典纹样和优质工艺出现，满足此类人群追求生活品质的需要。

（2）在确定针对人群的基础上，通过色彩效果的定位突出品牌形象。色彩是有个性的，不同的搭配会产生不同效果，形成不同特色。保持特定色彩效果的产品会在消费者心中留下较深的印象，品牌形象自然深化，品牌附加值也相应提升。例如深圳的富安娜品牌，色彩纯度较高，色相和冷暖对比强烈，配合复杂的植物纹样达到了富丽堂皇的效果，消费者很容易就记住了富安娜的品牌形象和特色，其产品附加值在消费者心中逐渐提高，在获得了市场认可的同时，又为品牌继续发展创新带来了机遇和动力。

在对流行色的应用中，应避免盲目、被动的使用，而须根据品牌和市场的需要对流行色进行筛选、归纳，这样既符合品牌特色，又可以从色彩的角度大大提高品牌产品的附加值。

（四）　加大对纺织技术的投入

我国家用纺织品设计水平的高低还取决于科技的发展。目前，我国家用纺织品工业的科技水平与国外存在不小的差距，表现在织造、印染、制网等方面。国外家用纺织品的面料质地柔软耐磨；染料色牢度较高，色泽鲜艳，既有光泽度又符合环保要求，酸碱度适中，同时不影响面料的柔软度；制网更加精细，印色效果也更加精致和细腻。这些差距客观上制约了我国家用纺织品的发展和追赶国际先进水平的步伐。因此，中国的家用纺织品设计要达到国际水平并拥有自己的特色就必须加大科技上的投入，在科技创新上实现突破。

第七节　家用纺织品色彩设计创新理念

我国家用纺织品行业现在正处于一个迅速发展的阶段,但是低技术水平、低附加值、缺少自主创新的状态使得家用纺织品的档次也相对较低。大多数国内家用纺织品企业还存在抄袭模仿的状况，这种急功近利的做法在一个阶段内能为企业赚取一定利润，但从长远来看，我们的家用纺织品企业有可能因此失去自己的设计语言，不利于企业的长足发展。模仿只能让我们生产出二流的产品。创造出自己的设计语言，才有可能使我们生产出一流的家用纺织品，才能使我们的家用纺织品企业在巨大的国际市场竞争压力下，开发出富有民族特色和企业自主品牌特色的产品。可见，设计创新是企业长期生存发展的灵魂，是一个企业在竞争中取胜的关键。

家用纺织品的创新设计不仅表现在图案设计、材质创新、款式设计方面，更重要的是其色彩的创新设计。纺织品色彩作为企业品牌文化的重要组成部分，在品牌的设计开发、生产制造、销售推广过程中起着越来越重要的作用。经过研究发现，色彩可以使产品、品牌信息的受众群体扩展 40%，使人们的认知理解力提高 75%，也就是说，成功的色彩设计可以使产品的附加值增加 15%～30%。可见好的色彩设计不仅使人赏心悦目，还能极大地满足消费者在个性审美上的需求，也能极大地提升纺织品的内在附加值。

色彩作为第一视觉语言，能给消费者以十分重要的第一印象，众多消费者也已经把色彩作为首要考虑的重要购买因素之一。纺织品色彩只要能迎合了消费者的好色欲望，就激发消费者的购买欲，这样产品才会有广阔的销路，企业才会有更多的利润。所以色彩设计者应当把色彩发挥到淋漓尽致的地步，实现色彩到财富创造的过程。在这过程中间，需要设计师对色彩情感的内涵有深刻的理解和认识，对流行色和市场脉搏有准确的把握，能良好地运用色彩美的法则，能创造出具有品牌自主特色以及中国特色的纺织品色彩，只有这样才能获得成功。

一、 深刻理解色彩情感的内涵，体现主题色彩

色彩是产品的外衣，不同的色彩会引起人们心理上的不同反应，并对人的情感和情绪产生巨大的影响，从而影响人们的购买行为。对家用纺织品来说，色彩运用的好坏是体现产品情感性的关键，它与设计师本身设计所要体现的主题内容有着密切的关系，一件产品的色彩主调的确定就是产品情感与内涵的决定，它不仅要给人带来美好的享受，还要让人能领悟到产品内在意义及所带来的情感享受。如何运用纺织品的色彩设计来调节人们心理上的情绪变化，使人们通过不同的家用纺织品色彩来调整心态，成为家用纺织品设计师首要考虑的因素。

色彩心理学家指出每一种颜色都具有象征意义，当人的眼睛看到某种颜色时，大脑会立即产生联想。例如红色代表热情，人们看见红色时便心情兴奋；蓝色象征理智，人们看见蓝色能保持冷静，这也是色彩的兴奋与沉静感。此外，色彩还具有冷暖感、轻重感、强弱感、软硬感、明快与忧郁感、积极与消极感、华丽与朴素感、舒适与疲劳感等。如色彩的冷暖感方面，季节的变化会影响到家用纺织品的色彩设计，不同的季节，人们对

色彩的感受是不一样的，在夏季，人们多喜欢白、蓝、绿等冷色系的家用纺织品，因为它会在炎热的夏季使人联想到碧树、蓝天，给人以清凉的感觉；而在冬季，人们则更喜欢红、橙、黄等暖色系的家用纺织品，也是因为这些色彩能使人联想到太阳和火焰，给人以温暖之感。色彩还存在着地域性差别，由于不同的自然环境和传统生活习惯的因素，不同的国家、民族、或地区对颜色的喜爱和理解也是不同的。如我国北方地区，多喜欢鲜艳的色彩；而南方地区则喜欢文静、雅致的色彩。

此外不同年龄层次的人对色彩也有着不同的理解感受，如对于灰色，年轻人视为忧郁、平淡、没有生机；而老年人则认为沉静、平凡。再如红色，在年轻人眼里是热情的象征；而在老年人眼里却意味着幼稚、卑俗。因此，设计师应当针对不同的年龄定位，进行适合的色彩设计，力求通过纺织品的色彩来沟通人与自然、人与环境的情感交流，传达人们内心的情感，调节人们的心理情绪，给人营造一个舒适惬意的优美环境。家用纺织品通过优美的色彩组合透射出来的情感可以打动和说服人，家用纺织品设计师在进行色彩设计时，要充分考虑到不同色彩的情感内涵，针对不同的地区，不同的消费阶层，不同的季节做出适合的色彩设计。家用纺织品的色彩设计，一旦能准确地反映出人们日渐挑剔的生活需求和精神取向，就必然受到众多消费者的追捧青睐，也必定会给企业带来可观的经济效益。

二、　把握流行色，创造时尚化、个性化色彩

流行色是指时髦的、时尚的色彩。它具有新颖、时髦、变化快、敏感性强的特点，对消费市场起一定的主导作用。对家用纺织品企业来说，运用好了流行色，也便占据了市场。流行色由流行色协会或专门的色彩机构每年发布两次，其不断变化和生命力短暂的特点要求纺织品设计师要具有敏锐的观察力，较强的创新意识，能有效地避免雷同，能运用时尚的色彩观念赋予家用纺织品日新月异的全新感，从而提高家用纺织品的竞争力。此外，流行色的变化带有周期性，但不是简单的重复，以往经典的色彩稍做变化后可能成为新的时尚亮点，设计师要善于发现和重新利用。

时尚化、个性化是纺织品色彩的发展趋势，随着社会的发展，越来越多的消费者开始追求时尚与个性、摆脱大众口味、注重表现自我。因此，设计师在进行色彩设计时，要因势利导地巧妙驾驭流行色，还应当寻求个性化色彩与流行色的很好结合，才能事半功倍地创造出独具市场前景和视觉美感的家用纺织品，也为消费者提供更多的色彩选择。

三、 充分运用色彩美的法则，创造色彩的美感享受

进行家用纺织品的色彩设计还应遵循着科学、系统、合理的原则，这要求设计师对色彩美的法则有很好的认识与理解，色彩美的法则主要有和谐美、平衡美、节奏美、比例美、间隔美、空混美六类。在家用纺织品的色彩设计过程中，把各种色彩造型要素在画面结构中呈现一种重力停顿状态时所形成的色彩和谐效果，能给人以和谐、条理、秩序的审美愉悦。通过色彩的有秩序的反复和变化，可以表现出具有一定节奏韵律的色彩美。在进行纺织品的色彩组合表达时，通过色彩面积上的大与小、多与少的差异也可以形成色彩的比例之美。在色彩搭配时，还可以通过嵌入某种分离色来弥补颜色间因对比而过度刺激的缺陷，从而达到协调色彩的整体美。不同色彩在整体布局中能够协调相处，营造出能激发人们相应审美感受的色彩搭配关系，创造家用纺织品的和谐之美。

色彩美的法则是人类在长期的色彩艺术实践过程中创造出来的，它能使色彩由于不同的比例搭配而产生符合人类审美的视觉美感。色彩美的法则是进行色彩设计的基础，设计师应当在对色彩情感的深刻理解和对流行色的准确把握的基础上，很好的运用色彩美的法则，设计出符合广大消费者审美需求的产品。

四、 扎根民族文化土壤，打造纺织品色彩品牌

纺织品色彩的研究和开发，对纺织品色彩的创新设计是至关重要的，良好的色彩设计不仅可以体现色彩的和谐之美，给消费者带来良好的视觉美感，还能突出一个纺织品的品牌定位、品牌形象，在无形中为企业创造着经济效益。纵观国外品牌的纺织品色彩，其大多都蕴含着本品牌的特色或本民族的丰富文化内涵。随着纺织品产业的迅猛发展，国内众多家用纺织品企业也逐渐意识到品牌色彩的重要性，逐渐打造属于本品牌的独特色彩，例如，红色可以从明度、冷暖等方面划分出各种不同倾向的红，企业则可以从这个红色的范围内挑选适合自己品牌特色的红色，并赋予到产品当中，从而树立企业的品牌形象，打造品牌特色。此外，我国有着五千多年的文明史，有着许多优秀的文化传统值得我们学习传承和借鉴。例如，我国传统的蜡染、扎染、夹缬、灰缬等传统印染技术对现代的家用纺织品设计都

有一定的借鉴指导作用。家用纺织品色彩设计要以人为本、体现个性化、人性化，也要体现中国传统的深厚文化底蕴和优秀民族风格。中国传统艺术在色彩的运用上有着自己的特色，传统的颜色也被赋予了特有的思想和生命。此外，中国消费者对颜色也有自己特有的审美心理、文化理念和思想情感。我国的家用纺织品企业要打造本民族纺织品色彩设计，开发出具有中国特色的纺织品色彩品牌，满足消费者对功能和情感的双重要求，打造出具有中国特色的家用纺织色彩。这既是对传统民族文化的研究与开发，也是我国现代家用纺织品设计逐步走向世界的希望所在。

色彩可以清楚地表现纺织品的形象，可以使产品引人注目、便于识别，还有助于人们对产品信息的记忆，使人“过目不忘”的颜色在很大程度上有助于纺织品的销售。家用纺织品的色彩还能营造室内环境氛围，体现主人的性格、情趣、修养、文化品位，在审美上给人以精神的享受，心境的舒适。由此可见，色彩设计在家用纺织品设计中的重要地位及与企业经济效益之间的密切关系。完美的色彩设计是家用纺织品畅销的秘密武器，所以我们要重视家用纺织品的色彩设计，树立和开发具有企业自主品牌特色和中国特色的纺织品色彩，为我国家用纺织品行业带来设计创新的活力。

第三章 家用纺织品图案设计应用与创新

家用纺织品图案的图形、色彩、构图、表现手法以及与新型材料结合上都呈现出对于传统设计手法的突破，家用纺织品的图案设计涉及到纺织品的材质、颜色、图形、立体结构等多个方面。通过视觉、触觉、嗅觉等方面为人类营造不一样的生活环境，这些对于人类日常生活的生理和心理方式都有直接的影响。契合个性的家用纺织品图案设计可以成为人类彰显个性的方式之一，完成个人价值观念的体现，成为一种生活方式符号化的表征。同时，高品质的时尚化图案设计能为工作压力过大的人群创造轻松的视觉体验，创造积极的生活心理，成为一种文化性、精神性消费。

第一节 家用纺织品图案概论

一、 纺织品图案的来源

艺术是标志着人类从愚昧走向文明的重要表现，而图案的产生与运用，则是人类聪明智慧的结晶。图案起源于人类本能，也是自然界装饰本能的体现。图案的诞生与人类实践活动有关，是人们在长期的生产、生活中根据自己的喜好，归纳世间万物形成的一种审美形式。它是一种或多种图形组成的，有序的增加和排列的图案设计。从今天的分工来看，图案应属于设计这门学科中的一支，甚至有时只是一种现成的图形或资料。自然界中有取之不尽、采之不竭的素材库，世间万物都是纺织品图案设计表现的对象，有丰富的花草虫鱼、飞禽走兽、山水树木、亭台楼阁、蓝天白云、明月星辰，甚至天文地理景象中的风、雨、雪、电、水纹、彩绘霞光等，都可以通过各种方式取得运用，进行艺术的提炼、整理、变化，将其最理想的一面优化成图案资料，为家用纺织品图案设计运用。

不管是实用的工具还是抽象的概念，都是在长期的生产、生活中逐渐发展成熟起来的，有的是根据自己的喜好，有的是根据实用的用途或者方式等等，家用纺织品图案就是在这样一个过程中形成的艺术门类。家用纺织品图案设计的原则是实用、经济、美观，同时结合材料、生产工艺、技术设备能力和市场消费等具体细节，形象化地表达出来。纯美术图案相对于家用纺织品图案来说，较客观地反映自然现象，是对自然形象进行色彩加工描绘。但是家用纺织品图案所反映的不仅是自然地，还要将自然形象进行适当的加工，使之成为一种符合大众的审美习惯和生活需求的工艺品，是具有相当的社会性的。当今时代，虽然纯美术与工艺美术之间的界限在形式上已渐趋模糊，但它们的功能却永远是不可相互替代的。

最初人类生活所使用的工具或者生活用品只是局限于简单的使用上，还没有审美的观念体现。但随着社会不断的发展，审美的观念开始在生活中有所表现。经过长时间的发展变化，逐渐产生了许多经典图案，使后来的设计者在诸多方面能有所借鉴：例如传统图案的造型、形式、色彩、技法与创意。大量优秀的图案资料中，有人物、植物、动物、器物、景物、天象、文字、几何、抽象图案等资料，而它们又在不同的时期各呈现不同的表现形式和风格。

图 3-1 从大自然中撷取的图案资源

中华民族文化历史悠久，在不断的发展中前进，其宝贵的文化遗产是留给我们后人的丰厚的财富。我们的祖先在大自然的怀抱中生活，与大自然相处的过程中创造除了各种不同的形象，这其中当然就包括我们书中提到的纺织品的纹样和图案。家用纺织品图案的设计素材可以在自然界中自由撷取。大自然是一个取之不竭的资料库，无论是大自然中的花草树木、蓝天白云、日月星辰，甚至宏观到宇宙天体、微观至细胞结构，都可以应用到家用纺织品的图案设计中，为家用纺织品图案设计服务。

二、 纺织品图案的发展

我国纺织品染、绣、织、印的技术历史悠久。考古学家在山顶洞人居住遗址也就是现在的北京房山区周口店龙骨山上发现了一枚骨针，这枚骨针已经有 2 万～5 万年的时间了。它代表了缝纫工具的发明与缝纫时代的开始，也可以说是绣花针的始祖。早在 18000 年前的山顶洞人，已知道将青鱼眼骨和穿结用的线染成红色，以作为装饰品美化自身，这应是原始艺术的萌芽，也可看作是染色技术的萌芽。约 7000 年前的新石器时期，居住在青海柴达木盆地的原始部落已能将毛线染成红、黄、褐、蓝等颜色了。

在很早的时候，中国就出现了刺绣。据说“舜令禹刺五彩绣”，到夏、商、周三代和秦汉时期使之得到了发展，风格壮丽，色彩感官上有很强烈的对比，线条刚柔并济；绣纹主要有龙、凤、虎等与神话或民间信仰有关的珍禽猛兽。

发展到商周时期，已经有了专门负责管理漂白、染色等不同的工艺机构，染色技术可以说有了相应的提高和发展，染色方法也有了一次染和多次染(套染法)，方法比以前更加丰富，染制成的色彩种类也更多。殷墟出土文物中的方格纹和菱形织纹的残绢，证明了商代的织造工艺已能织出平纹和斜纹织物了。长沙墓中出土的丝织品，则见证了在周代末年已有精美的锦绣织物。

春秋战国时期，丝织物图案已非常复杂，多彩织锦渐趋兴盛，刺绣工艺进入成熟阶段，如山东齐鲁的细薄丝织品和五彩绣品已是闻名全国，湖北江陵出土的战国晚期丝织品中，以多种彩色丝绣出的蟠龙飞凤、龙凤相蟠纹和龙凤虎纹已非常精美。这个时期凸版镂空型版、印花技术出现了，这一技术的产生，对提高纺织品的档次，增加纺织品的花色品种产生了重大影响。

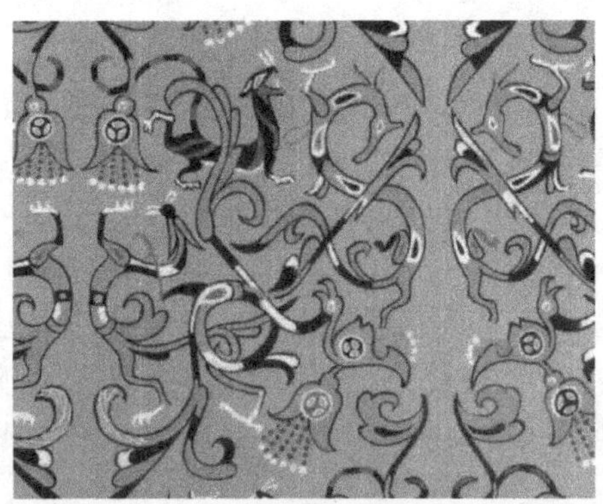

图 3-2 战国时期彩丝绣龙凤虎纹丝织品

秦汉时期染织工艺有了更进一步的发展。汉代刺绣已有很高水平，在马王堆出土了大量西汉丝织品和刺绣用绢、罗的绣料。这个时期，人工拉花机业已基本定型，使得丝绸织物品种大大增加，色彩绚丽多彩，也就是这个原因，丝绸之路才有了源源不断的货源，因此也成就了中国在丝织品上的辉煌。凸版印花技术也已经达到相当的水平，印花敷彩纱和金银印花纱，采用凸版印花加上彩绘制作的长沙马王堆出土的纺织品已相当精美，其图纹细腻，印花接版准确，说明当时已成功地掌握了印花涂料的配制和多套色印花技术。在新疆民丰，东汉墓发掘出土的“蓝白印花布”也进一步说明汉代印染工艺达到了精巧的程度。

图 3-3　汉代马王堆帛画

隋唐时期，艺术创作可称得上是最兴盛、最辉煌和最灿烂的时期。织锦上的花纹图案较前朝更多了，从隋唐到宋，织物组织由变化斜纹演变出缎纹，使三原组织趋向完整。

图 3-4　宋锦

当时，织物图案的制作工艺不仅有织绣，还有战国时期和汉代的凸版、镂空版印花技术，以及夹缬、蜡缬、绞缬等方法，这些都是我国最早的防染印花方法。当时已有了“五色夹缬罗裙”的记载，可见我国印染工艺在一千多年前已达到了相当的水平。

图 3-5 夹缬纹版及成品

宋代，朝廷设有许多官局专司丝织纹样的管理，纺织品花纹和色彩富丽而繁多，以牡丹为图案资料主要就是从这个时期开始的，当时仅采用的牡丹样式就有两百多种，其组织方法也打破了过去对称的结构形式，在织锦图案上多采用穿枝牡丹和西藩莲。这个时期，中原地区植棉技术的提高，促进了棉布生产业的发展，也促进了蓝印花布的发展，木板镂空印花也逐步转为油纸镂刻漏版印花，提高了效率也使纹样更趋精美。

明清时期，纺织印染手工作坊增多，印染工艺更为先进，镂空版印花技术继续保留，同时又发展了刷印印花工艺，生产效率大大提高。拔染工艺也在这个时期得以开发。染织图案到元、明、清时虽然发展不是很大，但仍出现了一些织绣名锦，如“纳石失”金锦和利用发绣完成绘画之制作的“顾绣”。北京定陵博物馆保存的明代百子暗花罗方领女袂衣纹样绣衣，其中百子游戏形态万千，绣纹细腻。清代织绣工艺分为官营和民营两种形式，官营集中在南京、苏州和杭州，其刺绣产品出口至日本、南洋及欧美等地。中国刺绣产品精致灿烂，在全国各地形成具有地方特色的刺绣工艺，如苏绣、蜀绣、粤绣、湘绣四大名绣。

图 3-6 定陵出土的绣百子暗花罗方领女袂衣纹样

图 3-7 清代刺绣

和中国的纺织业一样，世界的纺织业也经历了同样的发展过程，而且一些国家的纺织印染业的迅猛发展对世界纺织的发展起到了极大的促进作用。

公元前 5000～公元前 2000 年，南美大陆安第斯山脉产生了高超精美的染织品，这个时期的染织品被称为前印加时代染织或前印加文化。图 3-8 为印加图案中的半神半兽形象和常用的形式。

图 3-8 印加图案中的形象

公元前 3000 年左右，印度已经开始用木板粘上茜红印染花布了。公元前 1400 年左右，印花布产品在印度已非常盛行，并曾向中国贩运和销售。一些历史学家认为，印度就是印花工艺的发源地。历史上残存的，至今最古老的印花织物，是从埃及 4 世纪的柯普特人的坟墓里发掘的。在同类的遗址中，还发现了 6 世纪的印花布，其印花技术比 4 世纪有了很大进步，这时已经能使用三色印花了。

图 3-9 埃及 4 世纪时期的木质版型及印版残片

公元前 5～6 世纪，埃及初期柯普特人的织锦形成东方基督教色彩的织物式样，被称为柯普特式样。柯普特染织从 4 世纪到 12 世纪，经历了几百年的历史沧桑。

公元前 2 世纪与公元 1 世纪间，中国丝绸之路开通连接了亚洲、非洲和欧洲的古代陆上商业贸易通道，直至16世纪仍保留使用，是一条东方与西方之间经济、政治、文化进行交流的主要道路，在公元4世纪，中国丝绸在罗马已具相当名气。

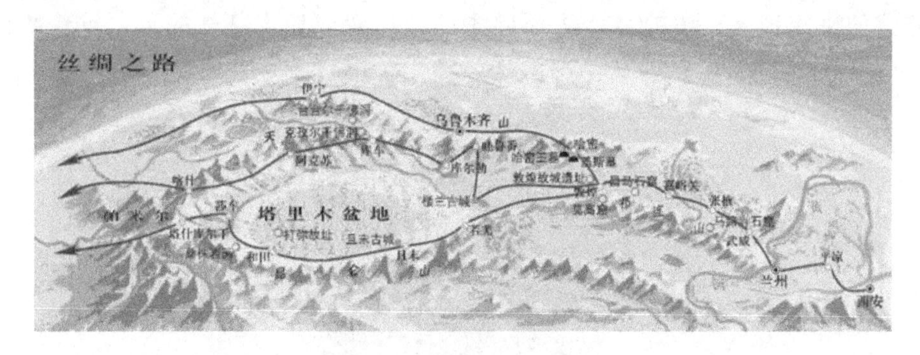

图 3-10　古丝绸之路

图 3-11　四世纪的中国丝绸

7～8世纪，中国丝绸通过“丝绸之路”西进波斯、拜占庭。13世纪以后，中国题材的丝绸大量涌入意大利，促进了欧洲印花纺织品的发展。这个时期，先在德意志的莱茵河流域出现了印花纺织品，是当时具有绝对权威的教会要求其下属的印花作坊以低廉的价格仿造东方的，尤其是中国的丝绸锦缎。继德国之后，意大利威尼斯成为印花设计中心。这个时期出现的边框线加传统风景、人物、田园风光的印花布色彩丰富，十分受欢迎。

13世纪哥特时代的意大利丝绸中心卢卡，就出现了大量东方怪兽、植物纹样等带有东方神秘色彩的题材广泛应用于织物上。

14 世纪，卢卡开始仿制中国丝绸纹样，使中国题材西方化，以适应欧洲人的欣赏趣味。织工们把中国绸缎的莲花纹改成蔓草纹，将凤凰改为西方式的中国形象，并把欧洲人不熟悉的题材变成他们熟知的形象重新编排和应用在织物上，以适合欧洲民族文化的特点。

图 3-12 中国题材西方化的纹样

到 15 世纪，由于西班牙丝绸融合了西班牙风格和哥特风格，以横条为主的纹样由多角星和鸟纹配合组成，并配有中东生命树，可以认为这个时期的纹样是从伊斯兰样式逐渐向欧洲样式转换的一个变化过程。

17 世纪时，整个欧洲地区掀起一股销售购买印度花布的热潮。尽管价格昂贵，但仍然形成流行趋势。萨拉萨拉布的热销，给欧洲的文化与经济带来了极大的冲击。其染织美术继承欧洲文艺复兴时期的美术风格，创造了巴洛克样式的织物纹样。巴洛克样式的织物纹样初期以自然花卉为题材，后期则以莲花、棕榈叶构成古典的流线涡卷纹与其他新颖奇特的题材相结合。

图 3-13 巴洛克风格织物纹样

18 世纪，法国里昂发展成为世界丝绸织造业中心，里昂的丝绸织造业把优秀的图案设计家称为企业的灵魂。他们的功绩就在于把生动的花卉写生形象设计成精美而轻松的洛可可织物纹样并使其栩栩如生。

图 3-14 **洛可可风格织物纹样**

18 世纪中叶，法国开始生产印花布。从此，欧洲印花工业才真正走上了迅速发展的道路。著名的朱伊印花厂就是这个时期首屈一指的印花工厂，如图 3-15 所示就是朱伊印花纹样。1780 年，苏格兰人詹姆士·贝尔(J.Bell)发明了第一台滚筒印花机，从而使纺织品印花步入了机械化加工的时代。1830 年，开发出滚筒网纹雕刻技术，印出的纺织品图案更加精细，色彩更加丰富。

图 3-15 **朱伊印花纹样**

19 世纪初，在法国出现了具有现代雏形的提花机，以纹板代替了人工拉花。1810 年前，世界印染业一直使用植物染料，这之后发现了色牢度优异的绿色染料，揭开了染色、印花工艺历史的新篇章。1835 年，发现并使用矿物染料。1856年，发明了合成染料，奠定了现代染色、印花工业发展的基础。1840年，鸦片战争五口通商之后，帝国主义国家的机印花布开始进入我国市场，先后在我国上海、青岛、天津建立纺织印染厂，对我国的农村土布和蓝印花布形成很大的冲击。这时花布的风格，大部分带有东洋或西洋的色彩。1931年后，我国民族资产阶级也相继在上述三个城市开创了纺织印染厂。第二次世界大战爆发后，厂家逐步增多，品种也有所增加，国内印染业才得以发展。1944年，瑞士布塞(Buser)公司为适应小批量、多品种的生产，研究制造了全自动平网印花机。它的诞生，也为荷兰斯托克(Stork)公司的圆网印花机的问世打下了基础。同时，这些印花机的发展与应用，奠定了西方工业国家在现代纺织品印花技术领域的领先地位。

1949年后，我国的纺织印染业得到了迅速发展。这个时期的印花方式一直还采用锌板镂空型版印刷技术和滚筒印花。1958年，上海率先在床单生产上将锌板印花改进成网动式平网印花机，大大提高了工作效率并改进了印制质量。1973年，我国从斯托克公司引进了第一台RD-T-HD型圆网印花机；1987年，从瑞士引进了第一台V-5型特阔幅平网印花机，使创作者在图案设计中有了更开阔的空间和回旋余地，印花效果更加精致，色彩更加丰富，花型排列更有特点，花型结构更加活泼。

19世纪中叶到20世纪初，英国维多利亚印花棉布兴起，图案设计师们以美国艺术家奥杜邦的《美国鸟类图鉴》为资料设计了大量且有异国情调的印花布图案。加上原有的棕榈、禽鸟、西番莲草、天竺葵、茉莉、唐草和哥特式纹样，图案题材极为丰富。

20世纪70年代，计算机应用于纹织工艺，开发了纹织CAD，使意匠、纹板轧制摆脱了手工操作，极大地提高了工作效率。1983年，第一台电子提花机在英国问世，它去掉了外在纹板，把纹织CAD与CAM直接结合，实现了纹织工艺的历史性飞跃。1967～1977年间，一种完全改变传统印花概念的印花方式诞生了，这就是我国90年代大量引进的转移印花工艺。这种印花方式的出现，不但控制了对自然界的污染，将生产与销售的关系处理得更灵活，而且减少了产品的积压，让设计师的创作思维产生了前所未有的飞跃，印花图案更富艺术性，层次更加丰富，形态更加逼真。

近几年，又一种更加先进的印花方式——数码喷墨印花出现了。数码喷墨印花是集机械、电子、信息处理设备为一体的高新技术印制方式，它免掉了描稿、制版等工序，直接将图案输入电脑程序的一种印花方式。数码喷墨印花工艺更彻底地解除了对设计者创作思维的束缚，是未来印花技术发展的方向。还有近几年开发的微胶囊印花方式，通过特种工艺，使附着在织物上包含着染料的微胶囊破裂后产生自然而缤纷的图案，这种把染色和印花合并为一个程序的生产方式，更加体现了科学与工艺紧密结合的迷人魅力。

图 3-16 罗莱双面天丝印花家纺

三、　家用纺织品图案的纹样风格

家用纺织品作为一种实用和审美相结合的产品，在其外观图案的设计开发中，除了需要考虑到实用和美观的各种因素外，如何通过外观图案的设计来准确地定位于市场，获得消费者文化观念、生活理念的认同，也是必须认真研究和探讨的问题。对于家用纺织品的图案，既可以单纯地看成是一种图形和色彩的构成，是题材、元素、构图、表现手法的综合，也可以从中解读到蕴涵的历史、文化的沉淀、艺术流派的变迁、生活方式的变化等。每一个成功的图案设计，都是在特定的历史背景、技术限制和市场需求下，准确地传达了一种人文的情调、艺术的品位双重时尚的概念，反映出消费者的不同需求。因而对于中外各种类型家用纺织品图案的认真研读和深入了解，认识其产生的源流、发展变化的趋向，不但有利于通过经典作品的学习、吸收并与时尚潮流相结合，原创性地设计开发出具有视觉美感的产品，而且更有利于通过各种图案本身和内涵的个性特征，取得与消费者精神、情感的互动交流，敏锐、准确地把握产品的市场定位。

（一）　传统民族纹样风格

1. 印度纹样

印度纹样精致丰富、线条变化多样，色彩含蓄、典雅而强烈，造型对比强烈、独具韵味和律动，这些独特的风格特点使印度纹样在世界纺织品装饰中占有重要的地位。典型的印度传统纹样大约分为两大类。一类是起源于对生命之树的信仰，另一类则是出于印度教故事与传说。前一种多取材于植物图案，如、椰子、玫瑰蔷薇、菠萝、风信子等等。这些题材经过高度的提炼和概括使之图案化，再用卷枝或折枝的形式把图案连续起来。印度北部的克什米尔披肩主要以松叶与松果为主题，以漩涡形的造型使图案产生活泼多变的效果，后来发展成佩兹利图案。后一种主题带有浓烈的宗教色彩和明显的伊斯兰装饰艺术风格。这类纹样有着明快的轮廓和装饰性，在拱门形的框架结构中安排代表生命之树的丝杉树和印度教传统的人物故事以及动物形象，图案有着稳定对称的效果。

图 3-17 佩兹利风格家纺

2. 波斯纹样

波斯古国(今伊朗)历史悠久，地处西亚，与欧洲相邻，自古就受到古代巴比伦文化、拜占庭艺术和中国绘画的影响。古代波斯图案纹样有以自由的动、植物为题材的，也有以伊斯兰寺院为题材的，还有以表现狩猎场面和田园风光为题材的。表现方法是以东方的观察方法创造了“非立体”的世界，巧妙地运用多层次、多视点、多侧面、多姿态的装饰语言，成功地表现出具有三维空间感的“平面世界”，产生了异彩纷呈的艺术效果，寓和谐于对比之中，形成了纹样精细、构图严谨、色彩丰富且协调的“波斯风格”。波斯纹样有别于其他纹样的最显著特点，是在排列结构式上的特殊性：其一是波形连缀骨式；其二是圆形连缀骨式；其三是在区划性的框架中安排对称纹样式构成。

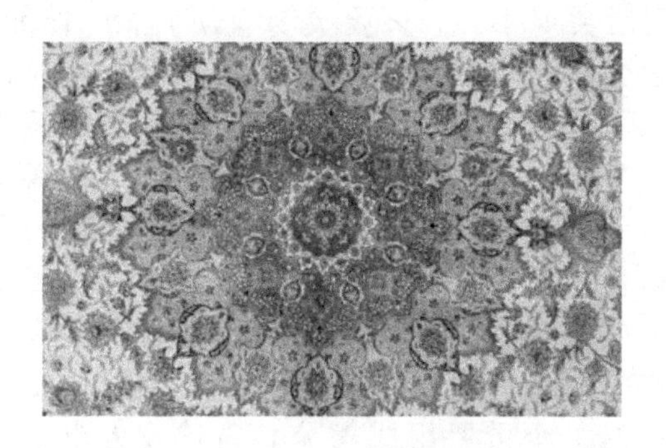

图 3-18　波斯风格地毯图案

波斯纹样较多地取材于植物图案，蔷薇花、玫瑰花、百合花、五瓣花、串花、棕榈花、菠萝、石榴等都是主要题材。波斯纹样带有浓烈伊斯兰教风格，现代的设计家们常常在伊斯兰清真寺内的壁画或室内装饰中寻找主题与色彩。

图 3-19　伊斯兰风格室内装饰

3. 埃及纹样

具有世界文明古国之称的埃及在文化艺术领域为人类做出了巨大的贡献，埃及可能是世界上最早产生纺织工艺与印染技术的国家之一。20 世纪 70 年代与最近几年，作为具有典型东方风格的、在世界范围内流行的埃及花样，其实并不是埃及染织图案的原型，而是以埃及的绘画与雕塑为基础演变而成的。因此，研究埃及花样必须研究埃及的绘画与雕塑艺术。不了解这一点，就无法理解埃及花样的实质。古代埃及的绘画与雕塑艺术都遵循着相同的表现和类似的题材。在表现人物上，头部为正侧面，身体为正面，下肢为侧面，这种非视觉常规的造型形成了埃及纹样的艺术特色。古埃及人相信，人死后灵魂不死，只要灵魂有所归宿，便能在体内合而为一，然后到达另一个永恒的世界去生活，得到永生。于是，他们将尸体制作成木乃伊，建造陵墓。埃及人是以现实的生活来想象“彼岸”的生活的，因此，在他们的陵墓里有大量的浮雕与壁画都是描绘世俗生活的场景，这种宗教信仰与世俗生活相互渗透的古代埃及艺术是现代埃及染织花样的主要内容之一。埃及是世界上使用象形文字最早的国家，每一个词都是一个绘画形象，在埃及人的心目中，象形文字是神的语言，它比语法、拼写重要得多，在他们墓室的壁画与浮雕中充满了这类象形文字的铭文，所以象形文字也是埃及纹样的一个重要组成部分。古埃及人出于对圣兽的崇拜，常将人和动物形象进行异物同构，因此，它的神灵形象大多数都是动物的头部、人的身体，这些都成了埃及染织纹样不可分割的组成部分。而埃及典型的植物纹样是莲花纹和纸草纹。

图 3-20 古埃及纸草、人物、神灵等纹样

（二） 欧洲传统纹样风格

1. 洛可可风格纹样

洛可可艺术是一种高度技巧性的装饰艺术，表现为纤巧、华丽和精美，多采用 S 形、C 形和旋涡形的曲线，由于此种纹样具有中国风格特点，所以有人叫这种纹样为“中国纹样”。洛可可风格追求视觉快感和舒适实用，曾在欧洲风靡一时，持续了将近一个世纪，直至今日，我们在日常的家用

纺织品中仍可看到洛可可艺术的影子。

图 3-21 洛可可风格家纺

2. 巴洛克风格纹样

“巴洛克”（Baroque）一词源于葡萄牙 brroco 一词，原意指一种变形的珍珠。它的风格特征不是喜欢单调平板的水平垂直，而是用扭曲多变的缠绕线条，创造出繁复的装饰，以追求强烈的律动感，由于巴洛克艺术强调的是堆砌之美，经常使人目眩，眼花缭乱。巴洛克艺术风格在 17 世纪法国发展到顶峰，所以又有人把它称为“路易十四样式”。初期巴洛克纹样的题材，采用自然界生长的花卉、编结的花环、丰收的水果、奇特的贝壳等，用流畅的曲线进行艺术性变形，在剧情化的构图里，表现有动感的图案，并且渐次地沿对角线方向倾斜。但在巴洛克后期，从莲花、棕榈叶形成流畅涡卷开始转向园林拱门小道、亭台楼阁、庭园、花圃、中国神仙、翅膀天使、孔雀尾形以及弯曲的贝壳，厚重的莨苕叶形装饰纹样，进行穿插组合而创造新颖的设计。例如在莨苕叶形装饰纹样的组合中，涡卷式地点缀着怪兽、狮子、猪及龙等形象。

巴洛克纹样的最大特点就是贝壳形与海豚尾巴形曲线的应用，贝壳一直是欧洲古代艺术中装饰纹样重要的因素，这种仿生学的曲线和古老莨苕叶状的装饰风格，使巴洛克纹样区别于以往欧洲的染织纹样而大放异彩。巴洛克纹样由于路易十四的去世而告终，历时一百多年。在以后的两百多年历时中，巴洛克纹样曾多次重新流行，在家用纺织品装饰方面作为传统风格纹样而经久不衰地受到人们的钟爱。

图 3-22 巴洛克风格室内软装饰

3. 莫里斯风格纹样

英国人威廉·莫里斯是 19 世纪欧洲最有影响力的工艺美术家，他被誉为近代设计的创始人。莫里斯在图案设计方面留下的最宝贵财富是壁纸和印花布，尼古拉斯·普斯纳在其著作《现代设计源泉》中对莫里斯的设计评论道："莫里斯的设计，充满活力，总给人以新鲜感，令人精神为之一振。丝毫没有冗长烦琐、松散无力之感。历史上还没有人能像莫里斯那样，达到自然与样式的完美平衡。这种平衡，表现在织物设计与植物形态的协调一致。莫里斯精美的图案设计，得力于他从少年时期对植物深入细致的观察。所以，莫里斯的设计不是模仿而是真正的设计语言，充分反映了他对自然界精密观察的结果。"

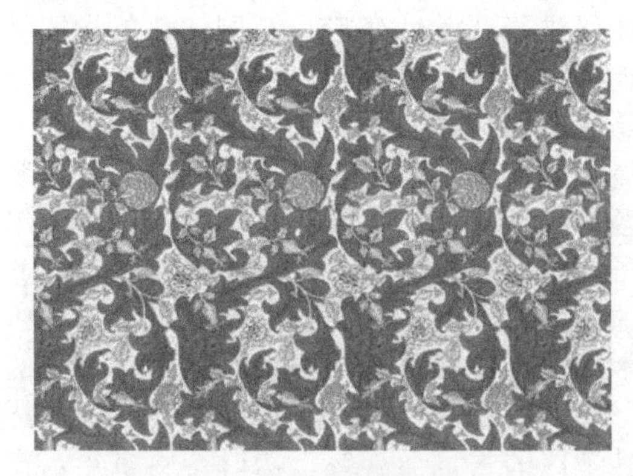

图 3-23 莫里斯设计的花卉图案

4. 维多利亚风格纹样

19 世纪中期到 20 世纪初期，维多利亚女王统治时英国的代称为“维多利亚时代”，在此期间的染织产品也以“维多利亚印花棉布”而为人们所熟知。如果用一句话来概括维多利亚王朝印花棉布的纹样特点，可以这样说“自然真实地描绘花与鸟，从写实主义开始，到写实主义结束”。最开始的图案来源主要是印度花布上的花卉，随后便逐渐转为欧洲本土的花卉形象，有茉莉蔷薇、紫丁香等娇艳的花朵，也有羊齿草叶、长春藤枝蔓等枝叶彭象。这些花卉形象有时构成满地花型，有时构成上下垂直连续的竖条花型，图案之中穿插着写实的鸟类形象。当时的花布图案大部分是这种“写实花卉”和“花卉加鸟”类型。

图 3-24 维多利亚风格室内装饰

（三） 中国传统纹样风格

传统纹样图案是一个民族的象征，由历代沿传下来的图案，具有独特而鲜明的民族艺术风格中国传统图案源于原始社会的彩陶图案，已有 6000～7000 年的历史。可分为原始社会图案、古典图案、民间和民俗图案、少数民族图案。

原始社会图案是指从原始社会流传下来的图案。中国原始社会图案以西安半坡、马家窑、辛店、马厂等遗址出土的彩陶图案为代表。彩陶图案的题材广泛，有人物、动物、植物、水波、火焰、编织纹、几何纹以及原始宗教纹样等，造型拙稚，线条粗犷，风格质朴生动，具有鲜明的层次和节奏感。在图案结构上，已熟练地采用对称、平衡、分割、连续、放射、重叠、联结、分离、组合等方法。

图 3-25 彩陶盆上的鱼纹

古典图案是古代流传下来而有典范性的图案。中国古典图案的遗产很多，按历史时期划分，主要有：商周时期的青铜图案，战国时期漆器、金银错器、刺绣等图案，秦汉时期瓦当、画像砖、石刻、织锦等图案，南北朝时期石窟装饰图案，唐代唐三彩陶器、铜镜、碑刻、金银脱漆器、织锦、印染等图案，宋代瓷器、织锦、刺绣、缂丝等图案，元代雕漆、织金锦、釉里红瓷器等图案，明清时期青花瓷器、景泰蓝、织锦、刺绣、玉器、雕刻等图案。它们在艺术上都各具特色。

图 3-26 清代织锦图案

民间和民俗图案是在人民群众中创作并流传的具有民间风格和地方特色的图案，包括根据民间风俗而设计的应景图案。民间图案主要有剪纸、刺绣、蓝印花布等图案；民俗图案主要有元宵灯节的灯彩图案，端午节辟邪的“五毒”（蝎、蜈蚣、蛇、壁虎、蟾蜍）图案等。

图 3-27 中国传统剪纸艺术图案抱枕

少数民族图案是少数民族在长期生产和生活中创造并流传的具有本民族特色的图案。例如蒙古族、藏族、维吾尔族、哈萨克族的地毯图案，苗族、布依族的蜡染图案，壮族、傣族、黎族、土家族、高山族、侗族的纺织图案，苗族、瑶族、白族的刺绣图案等。

图 3-28 蒙古族地毯图案

中国传统图案纹样主要来自于自然形象和几何原理纹样，图案内容主要有如下几种，见表 3-1。

表 3-1 中国传统纹样主要来源和特点

特性 纹样	来源	特点寓意
传统纹样	自然物象	是以某些自然物象的寓意、谐音等形式来表达人们对幸福生活的憧憬和追求。
花、草、叶、果花样纹样	植物	幸福的象征
天文现象	日月星辰、云纹、水、雪花等	富贵、气质
动物纹样	龙凤、麒麟、狮、虎、孔雀、鸟类、家禽等	吉庆的象征
几何纹样	几何图案	单纯、简洁、明了
文物、生活用品、建筑物	花瓶、花篮、景泰蓝、扇子和亭台楼阁等	独特的风景
人物形象	仕女、舞蹈人物等	略

第二节 家用纺织品图案的构成

（一） 点状构成

图案的点状处在家用纺织品中主要有许多小块面的图案和一个或几个面积较大的图案两种表现形式。点状构成的图案无论用何种表现方法设计，何种图案变形，都容易成为人们视线的焦点，它的集中醒目、吸引视线的特点使图案在家用纺织品上非常突出。家纺中枕套类产品用点状构成的图案，则显的精致、优雅和醒目，装饰效果也会非常好。

（二）　线状构成

图案的线状构成在家用纺织品中主要表现在产品的主体部分和表现在产品的边缘两种表现形式。线状构成的图案表现比较丰富，如垂直的线状图案容易给人稳重的感觉，水平的线状图案给人宁静的感觉，斜条线状的图案给人速度感，一般年轻选择较多，曲线状的图案给人柔美流动自由之感，同时也是目前在家用纺织品线状图案运用最多的。

（三）　面状构成

图案的面状构成在家用纺织品中主要有产品位置上出现一大块图案和产品以铺满方式的图案两种表现形式。图案在铺满的同时，其排列、疏密、大小要有变化及对比，这样才能给人以美的感受，目前也是在家用纺织品中运用较多的。

（四）　连续构成

图案的连续构成包括二方连续和四方连续，二方连续是由一个或几个基本单位图案向上、下（又称为横向）或者左、右（又称为纵向）两个方向反复连续的图案构成形式，具有典雅的装饰风格。四方连续是由一个或几个基本单位图案向上、下、左、右四个方向循环连续的图案构成形式。四方连续图案的构成有散点、连缀、重叠等形式，其中以散点式最具代表性，变化最丰富且用途最广。

（五）　综合构成

图案的综合构成在家用纺织品中一般都是应用两种以上的构成形式，是点、线、面构成综合运用的一种形式。综合构成的图案样式丰富，可根据家用纺织品的效果和表现自由构成。但设计师需注意主次关系，以其中一种形式的图案为主体，在搭配使用其他形式的图案，以免出现构成形式主次不清，过于杂乱的图案。

第三节　家用纺织品图案的形态表现

在家用纺织品图案设计中，形态表现是塑造形象的重要手段。图案的表现通常体现为对点、线、面及各种纹理要素的运用。而纺织品图案的表现是为了创造出面料表层丰富、美观的视觉状态，其技法的运用受制于面料的不同质地、不同功能以及人们对于不同时尚、流行的需要，同时也会受到与表现技法相关的工具、材料及使用方法的制约。纺织品图案绘制的技法极其丰富、自由，可以追求多种视觉感受，但最终将受制于生产工艺条件。

一、　一般形态表现

一般形态表现即常说的以点绘、线绘、面绘来塑造图案的表现技法。点、线、面是图案造型的视觉形象要素，用它们来塑造图案形象时会有不同的表现手法与效果，它是实际应用中最常用的图案形态表现技法。

（一）　点的形态表现

图 3-29 家用纺织品中点的形态表现

在设计中，点有大小、方圆、聚散、疏密、轻重、主次、虚实、规则、不规则等各种形态，不同的点有不同的作用。利用点可以表现出明暗、光影，增加层次效果；利用点可以制作肌理材质效果，增加花色和表现效果。点绘法是点的表现的重要手法，它是以不同的点来塑造形态的表现方法，不同疏密的点使画面显得丰富，具有虚实感。点绘法在应用时多以虚实、聚散表现明暗关系和形象的立体感；应注意层次的表现，掌握好点的轻重深浅，防止出现平淡和零碎；应注意点的大小与圆润程度的控制，点的质量对图案的工整程度影响很大。

（二）　线的形态表现

线在图案设计的表现技法中运用广泛，是造型的重要手段之一。线主要是表现图案的轮廓，线的长短与粗细、节奏与韵律具有较强的表现力。线描法是一种传统的表现技法，以线条表现的图形，线条要流畅、工整、优美、精细。另外也可以对图形的轮廓进行勾线，勾线的粗细可根据需要而定，这种方法表现出来的画面可粗犷可细致，艺术效果各不相同。

图 3-30　家用纺织品中线的形态表现

（三）　面的形态表现

面也是图案表现的重要元素，面在图案中具有重量感和充实感，是技法表现的重要手段。面的形态也有许多，可分为平涂面、分块面、渐变面、立体面等。平涂法是用单色或多色根据图案进行平涂，表现图形色彩变化与层次关系，平涂法是图案形态表现中最常用的一种手法，往往与勾线结合起来运用，平涂法主要应用在主花、底纹上，应用时要注意色块不宜过多，底面不应过大，并且要结合点和线的表现技法，设计理想的效果。

图 3-31 家用纺织品中面的形态表现

二、 特殊形态表现

由于印染技术和织造水平的逐渐提高，传统的点、线、面的表现技法在现代家用纺织品图案设计中出现了新的形势——肌理形态。肌理是物体表面具有的反映物质内应力的纹理及其质感。客观世界存在着千变万化的肌理，有立体的，亦有平面的，有客观物体的自然肌理，也有人为加工制作的装饰肌理。人在与物质世界交往中，积累了丰富的物质肌理所引发的不同心理体验。这种体验正是人们对肌理产生丰富心理反应的基础，使人产生联想与美的感受，这就是肌理被应用于视觉艺术的魅力所在。

图 3-32 家用纺织品中特殊肌理形态表现

第四节　家用纺织品图案设计美学法则

家用纺织品图案受织品功能与工艺的制约，相对于其他造型艺术形式有其自身的个性特点，但在构成形式上，都具有共同的形式美的构成法则。

一、　节奏与韵律

节奏与韵律是纺织品图案构成表现的基本美感形式。节奏与韵律所产生的视觉美感，反映在纺织品图案中能产生各种不同的风格，时而明快强烈，时而柔美灵动。节奏是事物的一种特有的机械运动规律，如音乐节拍的强弱或长短交替出现而合乎一定的规律，如造型上的曲直、刚柔、长短、疏密的对比变化。节奏运用在纺织品的设计中，主要突出物象要素的连续反复所产生的视觉感受，表现为规则有序、节奏明快的图案风格。

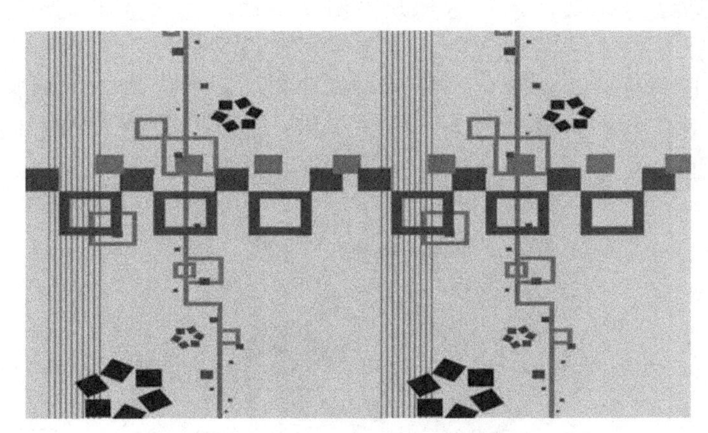

图 3-33 节奏表现图案

通过节奏的转化形成的特征就是韵律。旋律的形容词有很多，如轻快、平稳、激越等。韵律的作用使节奏富有情调，能引起人们感情上的共鸣。节奏与韵律运用于纺织品的设计中，主要表现在造型的排列变化与色彩的轻重浓淡上，追求一种优美律动的图案风格。

图 3-34 韵律表现图案

二、 变化与统一

变化与统一是纺织品图案构成的基本法则。变化和统一是两个不同的概念，两者既对立，又相互依存。在纺织品图案设计中，如果只有变化，没有统一，画面就会杂乱无章；只有统一而无变化，就会呆滞、死板。只有两者有机地结合起来，才能达到既协调又生动的艺术效果。变化与统一的构成法则在纺织品图案形式中，主要表现在造型、排列与色彩三方面。纺织品图案的造型是体现变化与统一构成法则的重要因素。根据整体的设计意图，造型需要有大小、多少不同的变化，然而又在色调和表现技法的统一下达到了主次分明、层次丰富、疏密有序的效果。

图 3-35 形态变化

纺织品图案的排列构成是体现变化与统一构成法则的主要因素。根据设计意图将图案造型有机的串连组织，排列成各种变化的构成形式，产生虚实相映、疏密有致、齐中有变、相互呼应的艺术效果。如图所示画面中各种植物的组合，主次排列有序，线条穿插自然、疏密排列错落有致等。

图 3-36 组织变化

三、　对称与均衡

图 3-37 对称图案

对称与均衡是纺织品图案构成的基本表现形式。对称与均衡的图案构成经重复后产生的视觉美感，是设计者与消费者的共同追求。对称的图形或者物体都是以中心轴或中心点作为依据，向上下、左右或者四个方向对应相应的同形、同量、同色的图案花形。对称图案具有稳定、庄重、匀齐的美感。应用到纺织品图案的设计中，最常用对称这种手法的就是装饰面料、独幅面料和服装面料的设计，有时在全局构成或局部装饰设计中也有应用。对称的纹样经二方连续后，显得尤为精致典雅，协调统一。例如图3-37是一种对称的形式，画面呈现出平稳、安定、大方的形式美感。

均衡则不受中心轴线和中心点的约束，较灵活自如，是以形象的大小、多少、黑白以及色彩轻重等因素，在感知中形成相互关系所造成的视觉平衡感。选择均衡式的构成时应注意构成元素之间的呼应关系与整体感，否则各构成元素之间因缺乏关联而显得紊乱。均衡图案具有稳定、变化、优美、自然的美感。均衡在纺织品图案设计中是常用的构图法则，画面呈现出活泼、自由、动感的形式美感，例如图3-38是一种均衡的图案形式。

图3-38 均衡图案

第五节 家用纺织品图案的设计定位与构思

越来越多的家纺企业和家用纺织品设计者开始注重植根于本土文化的设计。在20世纪90年代，一股创新热潮席卷中国大地，老一辈的家用纺织品设计工作者竭尽全力地创造，为中国家纺事业的进步与发展奠定了坚实的基础。中国毕竟是有着深厚传统设计文化的国家，传统设计文化是一座尚未被很好挖掘和开发的设计宝藏，在这方面我们应加大研究投入，打中国特色文化牌，将中国传统文化特色的设计打入国际高档家用纺织品市场。

一、　家用纺织品图案设计定位

（一）　目标定位

家用纺织品图案的设计需要考虑更多的因素，如产品涉及的国家、地区、民族、宗教、文化、风俗、气候、个人喜好等，同时在不同的历史时期，各种风格也在不断的演变和发展。

1. 地域性和民族性

中华民族文化在本土深受国人的重视，也深受世界的喜爱，中国风格的家用纺织品同样深受各国人民欢迎。但“中国风”图案却不是纯粹的中国传统纹样的照搬，它在中国传统纹样的基础上，大量揉进了当地文化，揉进了异域的情调，在国人看似古怪的拼凑风格或变种纹样，却被当地视为正宗的中国风格。因此，某个民族文化的东西，只有接受了当地文化的融入并被其采纳，才能真正得到更大的发展与推广。中国文化在日本的流行，印度文化在中国古代就得到普及并流行到现在，都是因为与当地文化进行了有机的融合才为人们所广泛接受，这一切都很直观地说明了这个问题。

图 3-39 家用纺织品设计中的传统青花瓷图案

2. 经典性和普遍性

世界四大文明古国之一的中国有着十分优秀和深厚的文化底蕴，能够被发掘的东西很多，中国的汉字图案、龙凤图案、青花瓷图案、补丁图案等广泛地用于国外的家纺产品上并深受消费者喜爱。同时一些经典的、流传极其深远的纹样在不同的时期都会以不同的形式和风格广泛地流行一段时间，如200年前诞生于克什米尔的佩兹利纹样就经历了无数次的反复流行，而每一次流行，都会变得越来越精致，越来越富丽。

3. 个性化

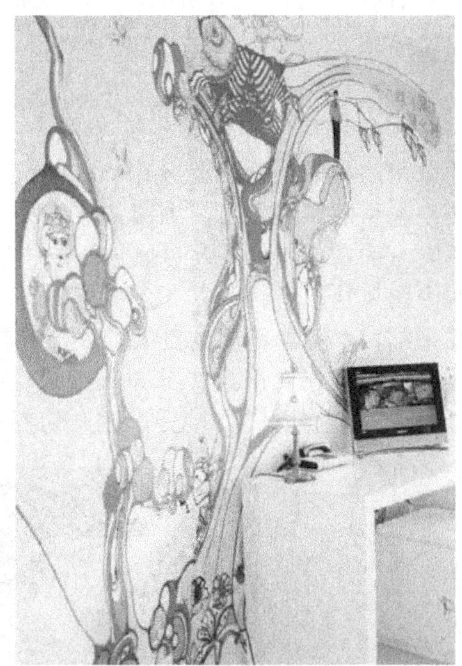

图3-40 丹麦fox酒店客房个性化设计方案

纵观现代纺织品设计的发展过程，个性化的纺织品设计一直与艺术潮流有着千丝万缕的联系，几乎每一个时期的艺术潮流都形成了不同的纺织品图案设计风格，而艺术潮流的发展对纺织品个性化设计产生了巨大的推动作用。如19世纪末兴起的莫里斯图案和新艺术运动，形成了纺织品设计极具个性色彩的独特风格；20世纪中叶兴起的光效应图案也以其特殊的幻视风格风行于世界；野兽派的代表人物之一杜飞创造的杜飞花样，以洗练的笔触和平涂的色块加上粗犷的写意手法成为现代纺织品设计的主要风格之一。设计观念的改变和工艺技术的更新为个性化家用纺织品开辟了新的途径，20 世纪 80 年代国内兴起的独幅构图床品图案为家用纺织品设计带来了一股新鲜的气息，成为当时流行一时的个性化设计观念。而 21 世纪在丹麦 fox 酒店的床品设计，颠覆了人们对酒店床品千篇一律的旧观念，创造出一系列独具个性艺术魅力设计的新观念。

（二） 消费群体定位

图 3-41 不同风格的婚庆家纺产品

家用纺织品是异质性很强的时尚类产品，消费群体的差异化使人们对个性化家用纺织品有比较强烈的需求。以婚庆家用纺织品为例，在传统意识中，既然是婚庆产品，当然是越喜庆越好。大红的被子、床单、枕头、窗帘、桌布、沙发的面料上印着、绣着、织着大朵夺目的鲜艳花朵等等，把中国式的喜庆表现得淋漓尽致。但大多数现代意识强的年轻人追求时尚、张扬个性，婚庆正好是他们充分表达自己这种思想的绝好时机。白领一族崇尚西式生活，他们的婚庆房间，或采用欧式古典风格的提花家用纺织品来配合同类型的家具，卷涡纹、莨苕纹与沉稳的暖色营造出一种厚重、大气却又不失典雅、高贵的舒适空间；或让波普印花纹样反复出现在他们的床上、地上、桌上甚至墙上的软装饰产品及其他器物、家具上，时尚而艳丽的色彩结合另类的图案造型体现出强烈的现代风格与喜庆色彩。同是年轻人，都是婚庆产品，却因为不同的职业、不同的性格、不同的心理和不同的审美而做出了各种各样的选择。作为家用纺织品设计师，只有认真用心走进人们的生活，才能满足消费者的需求。

（三） 使用目标定位

从产品的使用目标着手，确定所设计产品的具体用途。比如说是卧室系列的图案设计还是客厅系列的图案设计，是家居系列的图案设计还是宾馆系列的图案设计，都要有明确的任务目标指向，其后根据这个定位，进行具体的市场调查和制订切实可行的设计方案。在任务目标得到基本明确以后，经过详细的市场调查，接着就要确定面料图案的设计方向是印花、提花还是绣花或其他方式等。若这个设计采用印花式，则需考虑更适合平网印花还是圆网印花或是转移印花、数码喷绘印花；若采用提花式，则需考虑更适合大提花还是小提花；若采用绣花式，需考虑更适合手绣还是机绣。

1. 家居

（1）平网印花与绗缝结合的设计方案。图案为装饰性花卉，整体构图的形式，暖色调为主调的色彩，体现厚重古典而时尚的风格，适合欧美市场及国内 35 岁以上年龄段人群。装饰性的花卉纹样的组合构成，既迎合了流行趋势，也迎合了某一地区人群的喜好。暖色调的面料加上暖色调的印花，经过接缝处理，呈现出高雅富丽的装饰效果。

（2）圆网印花与机绣结合的设计方案。写实性大花，满地花形式，暖色调为主调的色彩，体现异国情调的风格，适合欧洲市场及国内 40 岁以下人群。满地的沉着、写实的粉红牡丹和淡黄、绯红的小花，恰似走进了鲜花盛开的后花园，机绣的洛可可纹样的床品边饰，犹如装饰精美的护栏围绕，现代风格流畅线条的构成把两者有机地结合在一起，柔和的暖色调透出浓浓的家的温馨。

2. 宾馆

（1）圆网印花与绗缝结合的室内配套设计方案。斜格纹样加上装饰性的植物叶纹样装点被盖，散点的装饰植物叶图案装点托单，形成 A、B 版的对比。斜格纹样给人以稳定、安静的感受，装饰性叶纹打破相对规矩的画面，使稳定中呈现出活泼与生机，绗缝形成的起伏凸显床品的高档感，暖暖的黄调色彩给客人仿佛回到家的感觉。

（2）数码喷绘印花的室内配套设计方案。抽象、夸张的波普纹样，靓丽、醒目的色彩，简单的直线绗缝，体现出简介与明朗的风格。大块的明亮色彩和抽象的造型，将自由与快乐充斥到空间的每一个角落。

二、　家用纺织品图案设计构思

家用纺织品图案的设计主要分为构思、整理、绘制三个阶段，构思是整个图案设计的重要内容，是图案效果好坏的前提。图案设计的创意、表现手法、画面处理、效果表达都要在这一阶段进行构思和准备。从素材到图案往往需要很多方面的构思准备，应充分发挥自己的想象力，开拓自己的思路，查阅相关的参考资料，选用恰当的表现手法，表达自己的创作灵感。设计的来源是图案设计中的元素，也是构思开始的地方，图案的元素可以是现成的也可以是自己创作的。

（一）　家用纺织品图案设计的构思要求

风格特色是决定家用纺织品图案设计构思的三大因素之一。产品的风格是对产品的造型、图案、色彩等全面的感觉。风格的分类非常多，按地域分有欧洲风格、美洲风格、亚洲风格等，也可以分为阿拉伯风格、东南亚风格、地中海风格、北欧风格等，还可以分为印度风格、希腊风格、中国风格等；按造型特色可分为古典风格、中性化风格、现代风格；按色彩感觉可分为艳丽风格、淡雅风格、朴实风格、黑白风格。按不同的条件可产生不同的风格分类，而不同的风格要求自然决定了家用纺织品图案的构思方向。比如要设计现代风格的家用纺织品，在图案的构思上应选择简约型，可以用几何图案、抽象图案、肌理图案，也可以用概括点的花卉图案。再如设计中国风格的家用纺织品，在图案的构思上可以选各个历史时期或各个民族特色的纹样，也可以选择迹象纹样等。

家用纺织品图案的构思应围绕着家用纺织品的类型而展开。家用纺织品在类型上通常可分为家庭用和非家庭用两种。非家庭用纺织品中有办公用、军营用、医院用、宾馆用、旅游用等，范围非常广；家庭用纺织品就是传统意义上的产品，主要分为客厅类家用纺织品、卧室类家用纺织品、餐厨类家用纺织品、卫浴类家用纺织品设计。确定了家用纺织品的类型，尚不能正式开始家用纺织品图案的构思，还应该了解图案应用在什么部位。同样是一件家用纺织品，图案应用在产品的中心位置还是边缘，图案应用在正面还是侧面都影响构思。比如一套床上用品中的被套，如果在中心应用，图案的构成形式应该用独立纹样或适合纹样，来体现独立、突出的感觉，形成视觉中心；如果应用在边缘则应该用二方连续纹样，适合四周，形成连续的感觉。

（二） 家用纺织品图案设计构思方法

1. 家用纺织品的风格特征

家用纺织品图案的风格特性是家用纺织品图案构思的重要因素。其实在构思中，家用纺织品的风格已经决定了构思图案的风格，只是在同种风格韵前提下可以多考虑影响风格的因素，力求把风格体现得更为贴切，表现得更为适合。不管何种风格的图案都应考虑其民族性、现实性、思想性、和艺术性的要求。

图案的民族性是指图案作品具有民族风格，指图案内容象征一个国家的文化艺术水平，反映该民族丰富多彩的、独特的艺术风格。一般图案都具有民族性，可以根据构思的元素的来源来确定具有何种民族性特色。图案设计与其他艺术类型一样都具有现实性的特点。在家用纺织品图案的构思中应考虑现实性与风格的关系。图案风格的思想性表现在两个方面：设计者自我思想情感的表达和大众思想情感的需要。艺术性是图案设计的要求，优秀的图案构思应具备风格新颖、内容健康、构图完整、排列灵活、造型饱满、色彩配置合理、层次分明、主题突出等艺术性的具体要求。

2. 家用纺织品的结构特征

图案的构成形式主要有单独纹样、适合纹样、二方连续纹样、四方连续纹样、综合纹样等，纹样的构成形式不同则适用范围不同，应根据构思的要求选择合适的纹样结构。如单独纹样比较适合客厅类、卧室类等家用纺织品；适合纹样比较适合客厅类、餐厨类等家用纺织品；二方连续纹样比较适合卧室类、餐厨类、卫浴类等家用纺织品；四方连续纹样的使用范围非常广，在非家用和家用两方面的应用都较多，主要应用在卧室类家用纺织品上；综合纹样的使用比较有特点，往往出现在个性化突出、风格明显的家用纺织品上。例如，家用纺织品图案的构思要求是设计欧式风格的餐厨类家用纺织品，图案主要应用在产品的局部。由于餐厨类家用纺织品主要是以实用为主，并需要考虑环保，不宜在纺织品上以满地方式出现图案，因而我们在构思时就应该考虑采用适合纹样和二方连续纹样。根据风格要求，根据风格要求选择不同的纹样来体现。

3. 图案构思的元素

人物元素是指日常生活中各种不同年龄、不同性质、不同职业、不同民族的人。植物元素是指花卉、草木、树叶、果实等，以及与人们生活有密切关系的蔬菜、瓜果等，是元素中形状最丰富，色彩最多变，应用最广泛的内容，如图 3-92 所示。动物元素是指大自然中的各类飞禽、走兽、鱼虫、贝壳等，图案设计上运用比较多的有蝴蝶、鱼、猫、猪、鸡等形态多变的图案。风景元素是指天空、大海、高山、森林、平原、湖泊等大自然的风景，矿物元素是指形状色彩各异的矿物成分，如水晶、玛瑙、金、钻石、玉器等，天象元素是指雷电、风云、雨雪、日月、星光、彩虹等；几何元素是指由点、线、面构成的特定的几何形。在现代的图案设计中应用非常广泛；根据要求可以选择和创造相应的元素作为图案构思的开始。如要求构思的是人文特色明显的家用纺织品图案，那么我们可以选择文字素材作为设计的元素，在文字素材中还有许多类型可以选用，假如选用中国文字作为素材，还可以考虑是用古代文字还是现代文字，是用简体文字还是繁体文字，是用宋体还是楷体或其他字体等。文字元素是指各国的古代、近代、现代创造的各种文字，如汉字、英文字、阿拉伯文字、拉丁文字、希腊文字等所示。器物元素是指各种建筑、乐器、车船、工具、陶瓷、玻璃器皿等。

4. 图案构思的形态

家用纺织品图案的形态一般可以分为具象形态和抽象形态。实际上抽象形态本身也是从许多具象形态演变而来，只是人们在视觉经验中缺乏体会而已。拿最基本的点、线、面来说，在抽象上讲只是一个点、一条线和一个面，在具象上讲其实一个点就是一个物品，可以是一个太阳，可以是一朵花，也可以是一件陶瓷品。一条线和一个面也是如此；具象形态是自然形态，是指未经提炼加工的原型，而从自然形态提炼、变化出来的形态就是抽象形态。具象形态和抽象形态都是艺术的形态特色，在家用纺织品图案的构思中是应该有所区分和选择的；在图案构思上是选用具象形态还是抽象形态可根据构思要求而定，这两者的选择比较简单，主要就看风格要求。具象形态的图案可适用多数风格的家用纺织品，而抽象形态的图案通常应用在现代风格的家用纺织品中。在完成所有的工作，明确构思方案后，紧接着应是查询参考资料。针对构思的具体要求，全面查询相应的资料，在参考资料中找到合适的元素。查询参考资料有很多种形式，如通过书籍或网络，或直接到市场上看产品，也可以从大自然中发掘一些需要的元素。当然，体现构思的素材并非一定要通过资料来搜寻，也可以自己想象进行原创，尤其是一些几何类的素材完全可以通过自己的经验来创造。在自己创造素材时要根据审美与艺术的特点来表现，按照图案构思中最适合的角度来制作需要的元素。

第六节　几类典型的现代家用纺织品图案设计

一、　印花图案设计

（一）　印花工艺与方法

印花产品是一种大众消费产品，在家用纺织品中占有非常重要的位置，因其生产工艺和产品开发较其他品种相对容易，故印花产品每年都是相关企业的开发生产的重点。印花产品使用方便，在家用纺织品中善于突出时尚与个性，在设计方面有很大的表现空间和表现张力。印花产品可以通过图案设计来满足不同年龄和不同阶层人们的需求，也正是由于它的普及型和便利性，才使得印花产品能够迅速普及并得到不断发展。

印花图案设计是纺织品印花过程中的一个重要组成部分，它是一门综合性技术，包括物理、化学、机械等多学科知识。织物的印花图案主要是将染料或涂料制成色浆并施效于纺织品上，从而能够在纺织品上突显出花纹图案的一系列综合性加工过程。它的工艺方法主要由图案设计、电脑分色、感光制版、仿色打样、调浆印制等五道工序组成。印花图案设计是一种集印花染色、美术设计于一体的创造性劳动，其创造出的印花纺织品是艺术与技术相结合的产物。

因为印花图案设计与印花生产密不可分、紧密相扣的环节，因此，在印花图案设计的过程中首先必须要考虑的就是企业所具备的工艺技术能力和其生产设备所达到的水平，只有这样，才能够有利于印花图案由设计成功地转化成产品。与此同时，印花图案在创作过程中也不能墨守成规地遵循原有工艺，亦步亦趋的按照既定方案进行设计，而是要在充分了解企业工艺技术、设备水平的前提下，进行不同于常规的设计创新，在生产设计过程中从更新更广的角度促进企业生产工艺的提高与发展。此外，随着时代的发展和科技的进步，企业的生产工艺和技术设备也要在生产过程中不断的进行创新提高，从而为图案设计创造更好的条件，推动图案设计新思潮、新观念、新方法、新风格的形成。

1. 印花方法

（1）型版印花。型版印花据设备的不同分为凸版和镂空版。凸版又称阳文版、木模版。其雕刻的技术性很强，其操作方法一般是用手工雕刻在硬质的木板上，当印花图案的面积较大时，则需要采用具有一定轮廓的金属条嵌入木板当中进行固定，从而形成内空的框，然后再用毛毡等材料进行填充。这种印花技术适合印制较细的线条和较小的点，因其印制的图形轮廓清晰，着色均匀，故要求制作人员具备丰富的经验和娴熟的技巧。凸版可分为平板和滚筒式两种。凸版印花技术又细分为平板式和滚筒式两种。镂空版是将需要印制的图案复制或直接绘制在木板上，然后再根据图案的形状雕刻成镂空木板，随后再将镂空版覆盖在织物上，在镂空处涂刷染料色浆而形成印花布。尽管它大多都采用木板作为原料进行加工，但后来有的也采用金属版或油纸版进行制作，其图案效果比木制镂空版要精致得多。

（2）转移印花。这种印花方法是将预先印有染料及花纹的纸张与织物重叠在一起，然后在高温和压力的作用下，使染料升华成气体并扩散进入纤维组织，从而将图案转移到织物上的印花工艺方法。在生产过程中若是采用这种方法进行印花，在印花完成后则无须再作水洗与废水处理，因此，这种方法操作简单又方便。转移印花非常适宜用于合纤混纺、化纤织物的印花，因其在操作过程中其工艺不受任何图案技法的约束，它的工序简单、印制灵活，制作出的产品层次清晰、表现力强。

图 3-42 圆网印花机

（3）圆网印花。圆网印花是利用圆网的连续转动进行印花的一种方法，其原理是使用无接缝圆筒形筛网来进行印花。它的特点是既保持了筛网印花的风格，同时又提高了印花的生产效率。在圆网印花的过程中，其操作的关键部件是无缝镍质圆网，简称镍网。这种无缝镍质圆网的网眼通常呈六角形，圆周一般以640mm的为多，数目约为60～185，常用电铸成型法制成。圆网印花版是采用感光法制成的，形成花纹的过程如下：首先采用清洁后的镍网，经涂布感光胶层并进行干燥，再用已描样的片基包覆住圆筒筛网，随后在感光机上进行感光，以洗去未感光部分的胶层，以此来形成网孔花纹。印花时，织物从喂入装置进入并粘贴在无缝橡胶导带上与圆网同步运行，而色浆则通过自动加浆机从镍网内部的刮刀架管喂入。刮刀用不锈钢薄片制成，并可调节高低、前后位置，以此来控制刮浆量和印透程度。圆网机架上的对花调节装置，能调整各圆网的相对位置从而达到对花要求。目前国内使用的圆网印花机通常为卧式排列机型，它一般可印制6～20种颜色，可以印制出弯曲的细线、径向长直线、规矩的几何图案、清晰的植物筋络以及动物毛皮等，其印制出的产品色泽艳丽，图案轮廓清晰。在图稿设计中，如果径向尺寸与圆网周长一致，那么在接版中易出现的问题就比较容易解决，只需将图稿径向规格尽量符合圆周，同时将图稿纬向规格也尽量考虑只比圆网长度的1/n略大即可；如果图稿规格较小，经纬向都只是圆网长度的1/n，那么在印花过程中就更要认真审查每一个边的接版情况，以免出现线条色差等印花瑕疵。

（4）数码喷射印花。数码喷射印花技术不同于传统印花技术，它是一种将精密机械设计、精细化工技术、信息技术、机电一体化控制技术、纺织材料等多领域多学科有机结合在一起的技术手段。数码喷墨印花技术直接通过数码相机、扫描仪等设备将图形输入计算机，然后利用设计软件直接模拟设计后，再使用计算机喷嘴直接将染液喷射到织物上，从而获得印花面料。与传统印染系统相比，这种印花技术抛弃了传统印花工艺中的描稿、制版、雕刻等复杂工艺，其印花的精度高，结构、层次清晰，色彩丰富且富于变化，对图稿的工艺限制极小；节约了产品开发的时间，打样也由原来的2～4周缩短到1h，提高了生产效率，大量节约染化料和能源并减少污染，从而为实现“快反应、多品种、小批量”的生产需求奠定了基础。与此同时，运用这种印花技术，消费者还可以按需求自行设计花型图案，然后通过网络直接向印花厂发出订单。这种新型印花技术能够满足个性化的需求，符合国际上对纺织品生产所提出的环保要求，更符合当下纺织品的消费观念和消费潮流，代表了纺织品印花技术的发展方向。

图3-43　数码直喷印花机

2. 印花工艺

根据织物用途、设计要求的不同，在生产中可采用多种不同的。

（1）直接印花。直接印花是指用含有染料(或颜料)、糊料和含有化学药物的色浆，印在白色或浅色地的织物上，从而获得各种图案的印花方法。此方法工艺相对简单，色泽鲜艳，操作方便，能较好地发挥图案设计的艺术效果。

（2）防染印花。这种印花技术是指先用防染剂(或染料)在织物上印花，然后再印染其他色浆(或染料)的印花方法。其印花所用的染料，主要有直接染料、酸性染料和分散性染料三种，其中直接染料主要用于棉布和人造丝织物等，其产品图案色彩鲜艳、层次清晰；酸性染料主要用于真丝类织物印花，其特点是色彩丰富、造型细致、表现技法多样；分散性染料则一般用于涤纶等化纤织物的染色，其色彩与造型明快艳丽。防染印花分为防白印花和色防印花两种，其中，防白印花是指印防染剂处的染料不能上色；色防印花是指在防染印花浆中加入染料或颜料，它们不受防染剂影响。防染印花的产品立体感强、图案效果的层次感也很好。

（3）拔染印花。拔染印花是指采用含有化学药剂的浆料，经药剂的作用破坏织物底色，从而获得图案的印花方法。拔染印花的织物色彩均匀、厚实，花型图案细腻、立体感强，色彩浓艳对比明显，有层次感。

（4）防印印花。防印印花即为在印花机上完成类似防染和拔染的加工过程。其印花方法是在织物上先印防印浆，然后在其上罩印地色浆，从而阻止地色浆的上色而形成图案。防印印花的产品生产流程短，适合较大批量的生产需求。

（5）烂花印花。烂花印花一般在多种纤维交捻或混纺的织物上进行印花，它又称烧花印花。这种印花方法是在印花色浆中加入硫酸等腐蚀剂，然后经特殊处理后，不耐腐蚀的纤维会被去掉，从而形成一种半透明的图案效果。烂花印花技术制作出的产品晶莹通透、色彩柔和，极具高档感。

（6）其他印花工艺。在印花工艺中，还有一些采用特殊材料进行印花的印花工艺，如金银粉印花、发泡印花、发光印花、胶浆印花和微胶囊印花等，在生产过程中若采用这些印花工艺，则都能实现特殊的印染效果。

（二） 印花图案设计

图案是体现主题内容的表现形式，由于世界各国人民存在着民族、文化、时代、经济等差异，对色彩、图案的爱好也不尽相同，因此，图案会随着不同民族、宗教、文化、时代的影响，形成各具纹样特征的风格，图案风格还与时代同发展同进步，并逐渐成为一种潮流，象征时代风格。

1. 单色图案

单色图案是指采用单一色彩与白色相结合所形成的图案，单色图案有时会出现这种情况，即：底色是一套色，花型是为另一套色，这种两色图案在印染工艺上均通称为“单色图案”。尽管单色图案简洁明快、清新质朴，在五彩缤纷的图案世界里拥有长久魅力，但在实用过程中，这类图案则需要在构图技法、疏密关系上去尽力弥补其色彩单一化的不足，从而能够使得产生出丰富层次感的效果。

2. 花卉图案

花卉图案在印花图案中是一种重要题材，它适应面广，且经久不衰。花卉图案的表现特征主要分为写实花卉图案、写意花卉图案两种，其中，写实花卉图案表现细致、造型生动、色彩和谐；写意花卉图案用笔豪放、造型夸张、线条流畅。花卉图案的表现技法除泥点撇丝、勾线平涂外，还有蜡笔肌理、泼墨肌理、水彩肌理、油画棒肌理、摄影效果等多种技法，而且随着现代印染科技的发展与运用，花卉图案的创作空间将会越来越大。

3. 民族图案

图 3-44　苗族蜡染壁挂桌布

民族图案来源于传统的流行图案，它又称为民间图案，这类图案受特定文化、地域的限制，其表现题材多种多样，比起其他类型的图案拥有更复杂的内容与形式。它可以表现植物、动物、人物、风景、几何图形等，尤其是在表现各地区的特点上存在很大的差异，有的地区写意，有的地区写实；有的柔和而淡雅，有的粗犷而豪放。世界各个地区的民族图案都反映出各具风格的气质特点，如我国传统的民族图案与非洲土著的民族图案、印度图案与埃及图案等，都具有独特的地域装饰效果。这些各具特色的民族图案也就成为艺术设计人员取之不尽、用之不竭的创作源泉。

4. 补丁图案

补丁图案常将不同题材、不同花形、不同时期和不同风格的图案拼接在一起，从而形成相互叠压、时空错位的平面视觉效果。这种补丁图案起源于18、19世纪的美国，起源于当时妇女缝制的绗缝制品。设计师在现当代的印花图案设计中，充分吸收了补丁图案这类图案的特点，并采用其明显的镶拼效果而创作出独具视觉美感的作品。这类图案风格的设计多用于室内软装饰，比如床上用品、靠垫等，它们能够充分表现出浓厚的生活情调，因此广泛应用与家居设计中。

图 3-45　补丁图案

5. 几何图案

几何图案造型简洁大方、色彩明快强烈、构图富有变化，它不仅有规则的方形、三角形、圆形等几何图形还有不规则的抽象图形。几何图案虽然没有明显的风格倾向，但其大小粗细组合灵活，既可以表现传统又可以表现现代；既能够应用于现实主义，也可以应用于浪漫主义。它的用途广泛，变化多样，普及范围广，因此是一种永久流行的图案设计来源。

图 3-46　几何图案印花抱枕

6. 民俗图案

图 3-47　民俗图案挂毯

民俗图案的风格具有较强的写实性绘画效果，它充分表现出一种场景或规范地描述一个故事。民俗图案造型细腻逼真，层次感强，其色彩感觉古朴醇厚。民俗图案的构图有满地、条形等多种形式，这种图案主要用于室内装饰纺织品设计，如窗帘、桌布、背景墙等，它能创造出具有怀旧情调的环境氛围，广泛应用于家居图案设计中。

7. 佩兹利图案

佩兹利图案起源于克什米尔，兴起于 18 世纪初的苏格兰西部佩兹利小镇，该小镇利用其工业化生产的优势，大量生产佩兹利纹样的披肩、头巾、围脖等并销往各地。故逐渐人们就习惯将这种图案称之为佩兹利图案。

佩兹利图案常根据不同时代的流行而变化，其造型富丽典雅、活泼灵动，层次感强，具有很好的图案适应性。佩兹利图案多用于时装和家用纺织品当中，并深受各国人民的喜爱，它的风格尊贵典雅、高档奢华，极具内涵美，是一种经久不衰的图案风格流派。

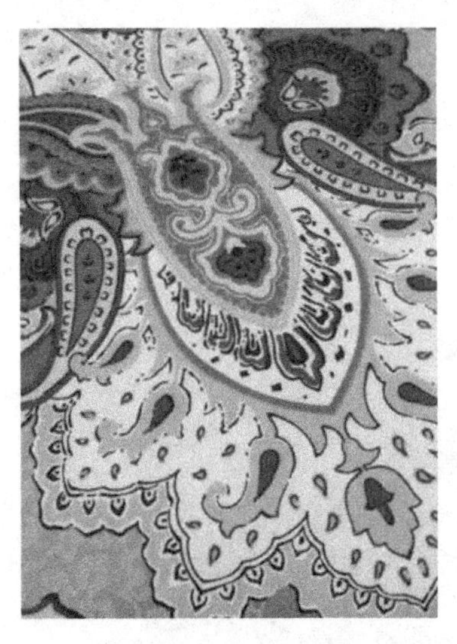

图 3-48　佩兹利图案家用纺织品

8. 新艺术运动图案

新艺术运动是专指发生于欧洲 19 世纪末 20 世纪初，由威廉·莫里斯作为主要领导人的一场艺术运动。在这场运动里，莫里斯创作的墙纸、印花布等图案，摆脱了传统三维立体空间的束缚，将图案变得平展且富有装饰性，他设计的新艺术运动图案色彩柔和而亮丽，构图丰富而饱满，给人一种流畅的曲线美。这种图案以流畅的曲线为特点，在设计中赋予自然主义的图案纹样以极富美感的表现技巧，充分展示出一种古色古香、优雅经典的图案风格。这种新艺术运动图案风靡一时并一直沿用至今，为世人所推崇。

二、 织花图案设计

（一） 织花种类与方法

织花又称提花，在我国具有悠久的历史，不同时期织花产品的纹案图样都呈现出美好的寓意。织花物品具有精美的图案、精湛的技艺、多样的品种，数千年来逐渐受到人们的喜爱，受到世人的赞誉。

1. 织花产品种类

织物产品品种丰富，极具多样的风格特色，在产品设计中充分了解织物品种的材料性能、熟悉它的品质及特点，对织花产品的图案设计具有十分重要的意义。

（1）按原材料进行划分。纺织品的种类多样，主要有毛织物，它们以动物的毛纤维和化纤短纤维为主要原料；棉织物，主要以棉为原料；丝织物，它们以天然丝和化纤长丝为主要原料。①毛织物：这种织物主要是以纯度较高的经纬纱线动物毛纱作为原料，毛织物的保暖性好，比较厚重，如麦尔登、毛哔叽、凡立丁、各式花呢等。②棉织物：这种织物是选用棉纱作为经纬纱线的织造产品，棉织物柔软性好但缺乏弹性，具有较好的强力，手感柔软光泽暗淡，在经高级后处理能有效改善性能，它的用途广泛，能适应多种环境。棉织物的主要品种有细布、卡其、漂白布、牛仔布、府绸、华达呢等。③丝织物：这种织物是以天然或化学长丝为原料的织造产品，丝织物的品种极多，包括绸、缎、绉、绫等十几个大类、上百个品种。它还可以细分为以下五小类：真丝产品：真丝织物质地柔软而富有光泽，手感滑润凉爽，表面光滑，手感舒适。纤维加捻起绉弹性良好。真丝产品虽然品质优良，但价格昂贵，常作为高档的家用纺织品。涤纶织物：这种织物手感滑爽，具有良好的弹性，揉搓后不起皱。腈纶织物：腈纶织物的外观像毛织物，但毛性不好，在揉搓摩擦之后很容易起球起毛。锦纶织物：这种织物尽管手感滑腻，但不够柔软，但在使用过程中具有很好的伸拉性和强力感。粘胶丝织物：粘胶丝织物的手感有清凉之感，柔软滑爽，尽管它的光泽明亮，但弹性较差，在使用过程中强力不高，极易起皱。④麻织物：麻织物采用植物麻纤维作原料，纤维弱脆，手感较棉布硬挺，透气性好，具有天然的质感。麻织物的主要品种有麻布、夏布和麻帆布等。⑤交织物：交织物的种类主要有丝麻交织物、丝毛交织物、涤棉交织物等，这种织物主要是用不同的纱线或长丝交织来制成织物。⑥混纺织物：混纺织物能使不同纤维的优点进行互补，从而使织物呈现出不同的特色，这种织物主要是用两种以上的具有不同纤维混纺的纱线作经纬线织成的织物。⑦金属纤维织物：金属纤维织物主要是指运用金属的光泽，在织物上显示出华丽的效果，如金银丝织物及彩色丝织物等。

（2）按生产方式进行划分。在提花图案设计中就生产织物的方式主要可以分为针织物、机织物和非织造织物三大类，其主要涉及的范围是机织物和针织物。其中，针织物又分为横编织物、纬编织物和经编织物三种；机织物因是由织机织造，所以又分为梭织物和无梭织物，它在织物图案设计中占有主要位置；非织造织物是指将纤维制成网状，然后经过黏合成布、纺丝成布以及机械成布等多种方法制成的织物。

（3）按织造工艺进行划分。家纺织物产品按照织造工艺可以划分为素织物和提花织物两类。其中，素织物由踏盘织机或多臂机织造；提花织物又可以细分为小提花织物和大提花织物，在小提花织物中由多臂机织造出不同的几何形花纹；大提花织物一般分为连续图案和单独图案两种，它主要用装有提花龙头的织机织造，再制造过程中，织机以纹板控制的横针将信息传达给竖针，并控制单根经丝或多根经丝的沉浮，用这种方法来使织物形成大型的纹样。①连续图案：这种图案包括有两种形式，分别为二方连续图案和四方连续图案。其中，二方连续图案又称带状图案或花边图案，是将一个单元图案向水平或垂直两个方向连续的图案。二方连续图案经过变化组合，可以构成床罩、地毯、桌布等单独图案或窗帘图案、墙布图案等多样的边饰纹样。四方连续图案是以一个单元纹样向垂直和水平四个方向的无限伸延组成的连绵不断的图案构成形式。四方连续图案在家用纺织品图案中适用性很强，连续后可以形成节奏不同的美感，广泛应用于窗帘、沙发布等织物产品中。②单独图案：单独图案的构成一般由中心花、边花、角花组成，是具有独立成章的、完整构思的图案形式。单独图案要求表现主题要突出、层次丰富、主次分明、内外呼应、气势贯通，在设计过程中要注重纹样之间的相互联系性并协调好构图布局的对比关系，这种单独图案追求的是画面整体统一的效果，从而使整幅图案具有良好的艺术感染力。单独图案构成因素复杂，具有一定的难度，在家用纺织品图案设计中广泛应用于独花被面、台布、毛毯、地毯、巾被、台毯等工艺产品中。

2. 织花工艺与方法

织花生产的工艺流程主要分为准备过程、织造过程和设计过程三大部分，这种工艺主要是指通过经纬线的浮沉来设计各种花纹从而彰显图案的装饰形象，同时也通过纤维的性能及形态、织物的组织变化来以此显示织物的纹理、质地、光泽和手感等一系列面料效果的工艺方法。现将织花工艺流程述略如下：

（1）准备过程。准备过程主要根据产品的需要，分纬部准备和经部准备两方面，然后进行络丝、并丝、捻丝、卷纬、整经、浆经等全过程。

（2）织造过程。织造过程是开口运动、投梭运动、打纬运动、送经运动和卷取运动紧密配合形成织物的过程，织造过程主要是指织物在织机上的形成过程，开口、投梭、打纬、送经、卷取这五大运动科学配置、相互配合，在织物形成的过程中达到统一。

（3）设计过程。设计过程主要分为图案纹样设计、意匠描绘、纹板扎制、装造设计和试织五大部分，设计过程主要是指依据复杂的提花工艺对织物进行的综合设计工程。

（二）　织花图案设计

在这里，我们主要就织花图案设计的特点和工艺因素展开讨论，其中，工艺因素包括原料、经纬密度、花幅尺寸、织物组织等。

1. 织花图案设计特点

织花图案具有结构严谨、造型丰满、色彩典雅、艺术与实用相结合的艺术特色。这种织花图案与印花图案设计有很大的差异和区别，具有浓厚的传统文化色彩。

（1）结构严谨。织花图案要求任何形象都须将花纹的结构和脉络交代清楚，其形象是通过组织结构的变化显现的，因此，图案的描绘要精细严谨，形象的轮廓要清晰。

（2）造型丰满。织花图案花纹布局匀称，穿插自然得体，其花卉形象一般采用正面或正侧面的花头，以饱满的造型体现纹样的充实丰盈感。织花图案常利用组织变化塑造形象，形成纹样虚实与层次变化，从而充分表现形象的立体感和丰富的层次感。

（3）色彩典雅。织花图案色彩规范，其中素色织花图案简洁明快，稳重大方；彩色织花织物和谐典雅、高贵华丽。在现代社会的审美趋势不断变化的情况下，织花图案的色彩运用也要及时根据市场变化的特点和品种流行的情况趋势适时的应变与创新。织花图案的设计还要结合组织结构、纤维材料、质地状况以及图案表现等多种技法，在操作过程中要实施科学的配色方案，才能使织物取得理想的艺术效果。

（4）艺术与实用相结合的造型方式。织花图案设计要使织花织物达到形、色、质俱佳的表现要求，既要表现织物的内在优良品质，又能凸显织物的艺术效果，从而形成具有艺术美的生活实用品。它具有实用性与艺术性的双重属性，因此这两者也是图案设计过程中必须遵循的重要准则。

在织花图案设计过程中，要充分熟悉和掌握工艺流程，这是织花图案设计工作中特别需要重视的环节。在织花专业领域内若想要取得一定的成就，设计者除了加强艺术造型方面的基础训练和修养外，还必须对工艺具有较为深刻的了解，并熟悉相关的工艺技术，并在图案设计中巧妙地利用这一工艺，才能胜任织花图案的设计工作，在图案设计过程中达到游刃有余的境地，最终取得纹样设计的理想的艺术效果。

2. 原料

织物的原料是一种细长柔软的物质，具有一定的强度、弹性和极好的可塑性，这种原料为纺织纤维，这是构成织物最基本的要素，是形成织物品质最重要的基础。纺织原料丰富多样，各种材料都具有各自的特点和性能。织物原料按来源分天然纤维、化学纤维和金属纤维三大类。其中天然纤维有植物纤维（如棉、麻等）、动物纤维（如毛）和矿物纤维（如石棉）。化学纤维有再生纤维（如人造丝、人造棉等）和合成纤维（如锦纶丝、涤纶丝等）。

在织花设计中，如果能正确运用原料的性能特点，不但能使织物的外观具有良好的艺术效果，而且图案纹样的艺术表现，也能够充分展示织物的内在品质。

纤维规格的粗细变化，会使织物表面产生细腻与粗犷的效果。规格细的纤维，织物表面细腻；规格粗的纤维，织物表面会呈现粗犷的效果。此外，不同纤维组成的织物其光泽效应不一样，巧妙地利用纤维的光泽效应，会使织物产生朴素与华丽的不同效果。例如真丝光泽柔和细腻，人造丝光泽亮丽，金属丝富贵华丽，棉纱暗淡温和等。因此图案设计要充分考虑并利用纤维的光泽效应，使纹样体现层次变化。

经物理方法和化学方法处理的纤维，原料的光泽、手感会发生变化。如经加捻、碱减量等工艺处理会改善纤维的性能。不同性质的纤维对染料的吸色性能不同，图案设计运用不同纤维交织的方法，通过染色处理后，会得到素织多色的艺术效果等。

当前，科学技术高度发展，各种新型材料层出不穷，因此，家用纺织品图案设计师要通过不同渠道，不断了解新知识新技术和新原料的特性。当前时代为家用纺织品设计带来了新的契机，故设计者要不断创作新产品，满足消费市场的需求，促进家用纺织品行业的繁荣发展。

3. 经纬密度

织物中经纬纱线的分布密度，对面料的质地会产生影响。密度小的织物质地疏松，图案表现要避免琐碎细腻的描绘，特别是点、线的表现不宜纤细，否则会形成虚渺的视觉形象，在进行图案设计时要多以面积较粗的块面表现为宜；密度大的织物质地细腻厚实，图案纹样表现相对精细。

4. 花幅尺寸

花幅尺寸即图案纹样的规格尺寸，一般有散花型和独花型两种形式：

（1）散花型规格是四方连续型图案的组织形式。花横向尺寸的大小是由纹针、密度、装造形式等要素所决定的；竖向尺寸可以根据图案的尺寸，进行变动，运用增减目板的数量来调节画幅的长短；连续型图案横向尺寸是由织机装造、纹针数量来决定，其特点是便于裁剪与拼接，但不可变动更改规格。连续型织物的在实际生活中应用广泛，图案设计人员可根据纹样的构成方式和需求自行确定。

（2）独花型规格的尺寸是由织物的用途和织造设备决定的，独花产品除极少数产品采用自由的构成外，因其幅度因受纹针的限制，常采用对称式的织造工艺。

5. 织物组织

织花图案是以各种复杂变化组织形成的肌理，构成统一有序的纹样造型，其中，组织是织花产品形成纹样的唯一要素，经纱和纬纱在织物中相互交错、彼此沉浮即形成织物组织。改变织物组织将对织物结构、外观及性能产生显著影响。在织花图案设计中，主要是依据组织的结构特点，来确定纹样的主次关系和明暗层次，如平纹组织细腻暗淡，缎纹组织光洁明亮，斜纹组织光泽适中等。组织的具体方法是：首先将织物组织的结构点描绘在意匠纸上，通过意匠纸的循环单元绘制出来。这种纸是由微小的方格组成循环连续印制成的纸样，绘制出的单元经线数，必须与整幅纱线的总数相吻合，只有这样，循环后才能够构成整体的织物组织。

组织的形式主要有以下五种形式：分别为原组织、变化组织、联合组织、复杂组织与大提花组织。

（1）原组织又称三原组织，是织物结构的最基本组织，包括平纹组织（最简单的织物组织，是由经纬线相间交织而成。经线和纬线以 1:1 的比例交叉起伏，形成最牢固的织物结构）、斜纹组织（斜纹组织是经组织点或纬组织点构成连续斜线，使织物表面形成对角线的纹理，构成斜纹的一个组织循环至少是三根经线和三根纬线）和缎纹组织（缎纹组织的特点是经线或纬线在织物中形成一些单独的、互不连续的经、纬组织点，这些单独的组织点分布均匀，并被其两旁另一系统的纱线所遮盖，使织物的表面形成一种平滑的面的状态）。其中，平纹组织挺括、平整，外观具有沙粒感；斜纹组织光泽高于平纹组织，因其以斜向的直线组合，故在提花织物图案中经常采用以线组成线或以线组成面的表现形式；缎纹组织光泽亮丽，手感柔软滑爽。在织花产品中常以一组缎纹组织作底部的基本组织，采用另一组缎纹组织作纹样的主花组织。

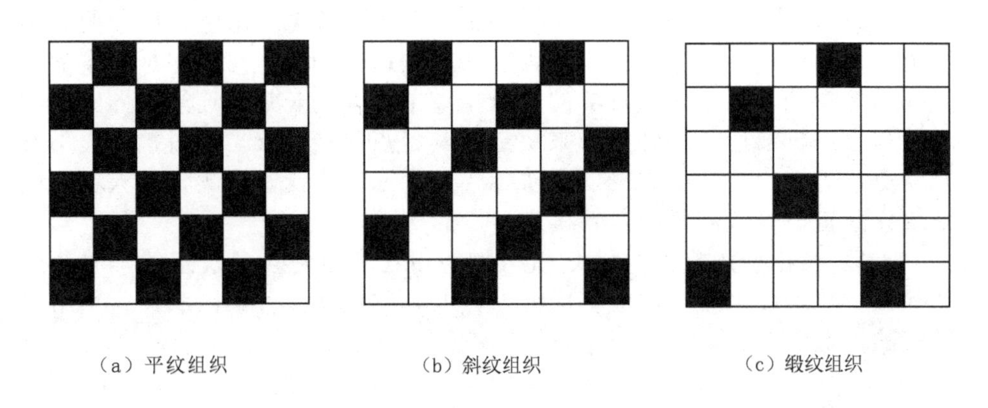

（a）平纹组织　　（b）斜纹组织　　（c）缎纹组织

图 3-49 原组织

（2）变化组织是由原组织派生出的许多组织形式。由原组织派生出来的变化组织有平纹变化组织(如经重平组织、纬重平组织、方平组织等)、斜纹变化组织(如加强斜纹、复合斜纹、山形斜纹、波斜纹等)和缎纹变化组织(如加强缎纹、变则缎纹等)三种。变化组织在三原组织的基础上，通过变化原组织的浮长、飞数、循环等因素而得到的各种组织。

（3）联合组织与复杂组织。联合组织是采用两种以上的原组织或变化组织，以各种不同的方式或方法互相配合而成的组织。联合组织使织物的表面呈现几何形的小花纹，具有特殊的肌理效果。根据联合的方式和织物外观效果，主要有条格组织、绉组织、蜂巢组织等。复杂组织是多经轴和多梭箱的复杂交织而成的织物，即由若干系统的经纱和若干系统的纬纱交织而成，这类组织使织物外观呈现出特殊的效应和性能，如重组织、双层组织等。

（4）大织花组织是用某种组织为地部，在其上表现一种或数种不同原料、不同色彩、不同组织的大花纹循环的组织，它又称之为大花纹组织。

（5）织花图案的形态与结构要清晰严谨，要经意匠描绘工序才能轧制纹板。意匠图纸要求严格、计算精确。对图案描绘、接版都有明确的要求，图案不允许以含糊不清、似是而非的形态表现。在织物组织中，原组织、变化组织、联合组织和复杂组织都成为称平素组织织物，他们一般用踏盘织机或多臂机织造。平素组织织物的花纹基本是由几何形态组成的，织花图案需要由经过专门培训的图案设计师来完成，大织花织物则必须在提花机上织造。

织花图案是依靠突出的花纹体现的，由于织物受原料、组织、密度和生产工艺等要素的影响，在进行提花图案设计时，要充分考虑它们各自不同的特点，设计中织花图案要体现出结构严谨、花纹清晰、形象饱满等特点。只有在设计时充分考虑相关要素和条件限定，才能很好的实施设计方案，顺利通过生产。

在织花图案中，过于纤细和虚弱的纹样会使图案显得软弱无力、凌乱琐碎缺乏视觉冲击力。故此，织花图案纹样造型要设计的充实饱满色彩丰富，只有这样，织花图案才富有艺术表现力，也才能更加突出提花产品的艺术风格。

织花图案设计要巧妙恰当地运用不同的组织的明暗层次和肌理效果，将组织结构差异变换成图案形式语言。在织花图案设计中，艺术家应按照形式美的规律对图案花纹进行排列布局、色彩设计和技法表现，从而能够在有限的空间内，使突出图案主题、丰富变化效果，达到层次分明、虚实并举、穿插自如的效果，从而达到完美的艺术品质。

（三）织花图案构图方式

1. 排列

织花图案的布局包括清地布局、混地布局和满地布局三种布局形式，这是家用纺织品图案设计中的基本布局形式。排列是织花图案样式的基本构图方法，是指单元纹样在纸样空间内形态组成的基本骨架。排列有如下几种形式：几何形排列是以几何图形进行构图的传统构图方法之一，这种排列经常运用直线、折线、弧线、波线、圆、椭圆、方形、菱形等几何线条进行构图，从而使图案产生丰富的变化；散点式排列是依照对立统一的法则，在一个循环单元内将形态因素自由编排组织、布局的排列形式。散点排列的基本方法是将单元平面分割成不同等量的格局，在这些小格内取点定位构图，将花纹的形态、位置，以定点的方式，放置在一定的区域，达到画面对比平衡的构图形式。

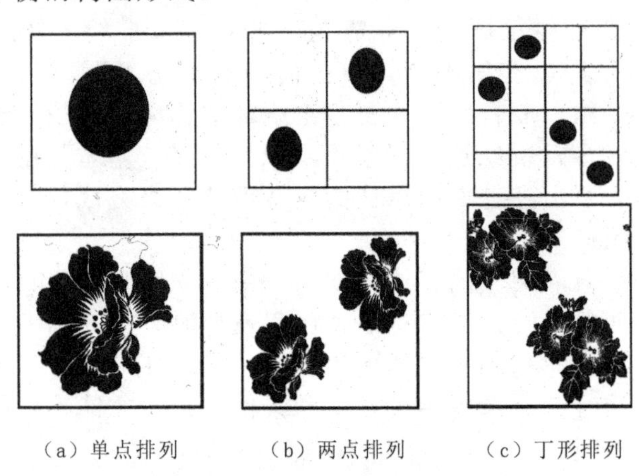

（a）单点排列　（b）两点排列　（c）丁形排列

图 3-50　织花基本排列

图 3-51　织花盘枝连缀式排列

这里需要特别加以说明的是，盘枝连缀式排列是典型的以少胜多的表现形式，是受到著名的缠枝纹样启发而形成的排列形式。这种排列形式追求纹样长短的节奏感，曲线变化的韵律感，疏密布局的层次感。其方法是运用弧线作形态的母题，正负反转、首尾相接，形成起伏错落、丰富耐看的纹样组合。

2. 接版

接版是图案设计中不可忽视的环节，多用于四方连续图案的设计中，是将多个单元纹样进行相互连接形成连续型图案的方法。织花图案采用的由织花的生产工艺要求所决定的平接版，这种接版方式的方法是在图案左右方向作水平连接，上下方向作垂直连接，使单元纹样向四个方向无限地反复延伸，形成连绵不断且具有节奏感的连续纹样。

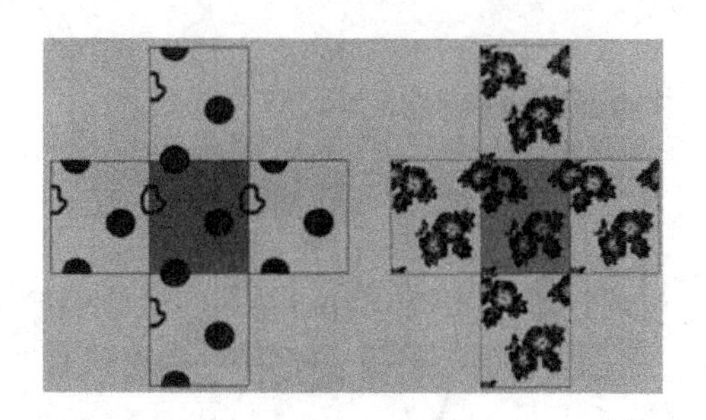

图 3-52　织花接版

三、　刺绣图案设计

（一）　刺绣针法

刺绣是在织物上作平面的装饰，是在针线缝纫的基础上发展起来的。在刺绣的发展过程中，针法也从最初简单的针法，到渐进变难的针法一步步不断进步着。

1. 加线绣

加线绣是指在织物平面上附加平面线迹的刺绣，针法一般配合纹样的图形要求而进行搭配。在中国传统刺绣技法中加线绣包括有平绣、打子绣、乱针绣等常用针法。

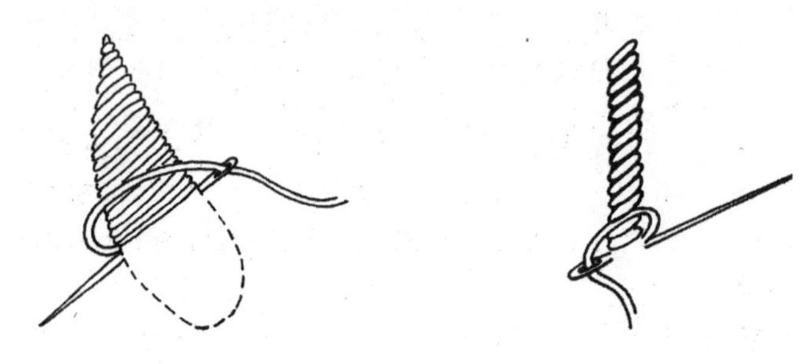

图 3-53 直针绣与缠针绣针法

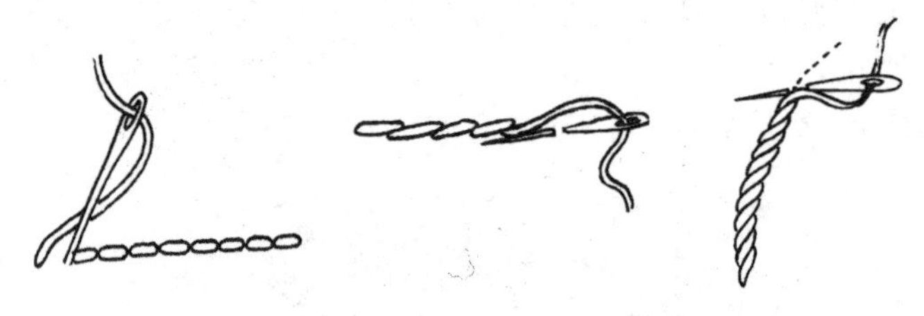

图 3-54 切针、接针、滚针针法

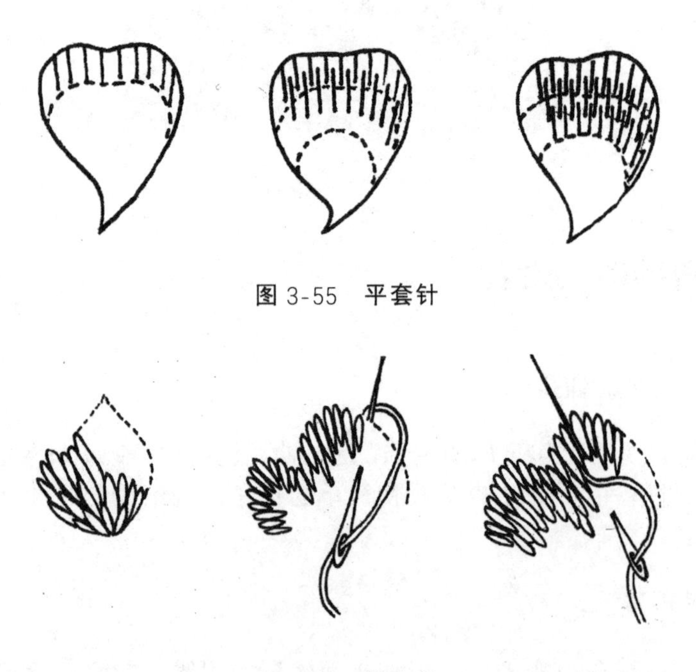

图 3-55 平套针

图 3-56 擞和针

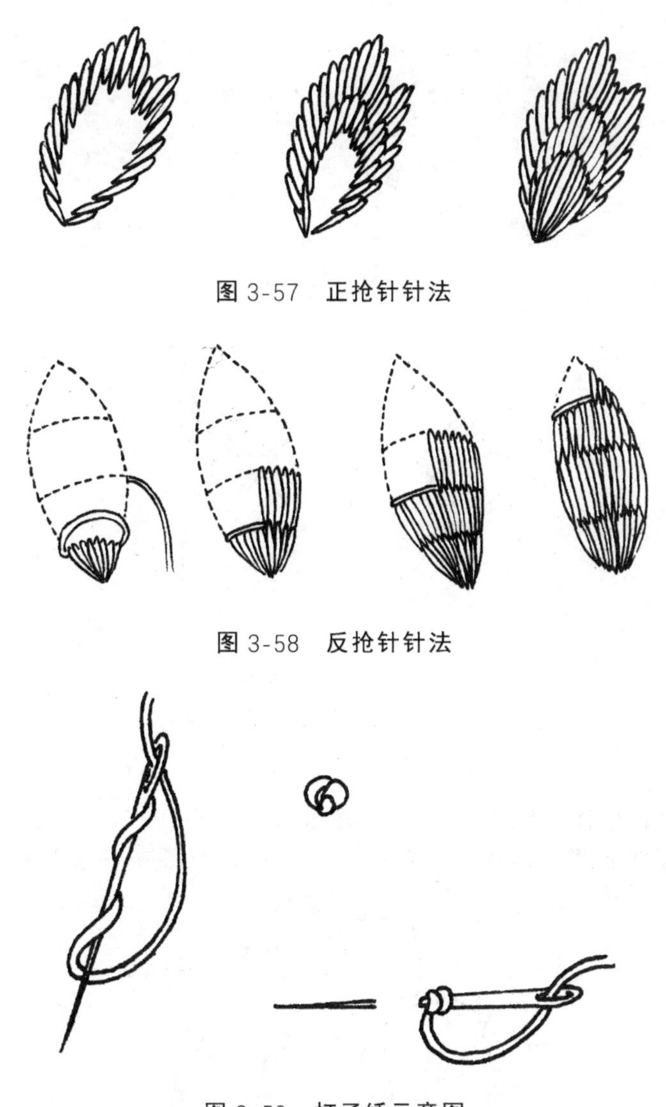

图 3-57　正抢针针法

图 3-58　反抢针针法

图 3-59　打子绣示意图

2. 变组织绣

变组织绣是指利用织物的经纬组织特点进行处理，部分改变织物组织结构的刺绣。它包括有网绣、纱绣、十字锈、铺绒绣等几种。

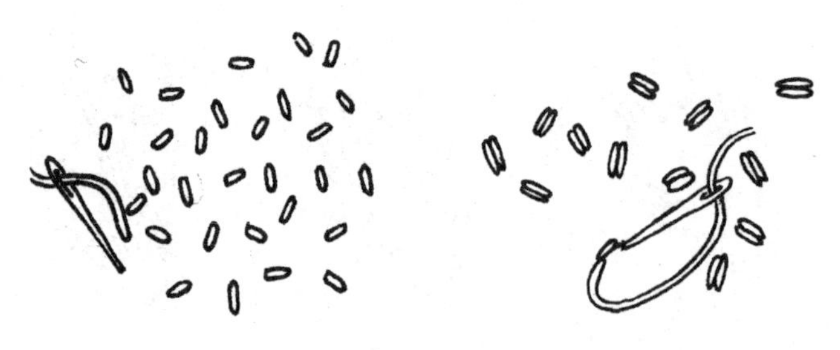

图 3-60　乱针针法

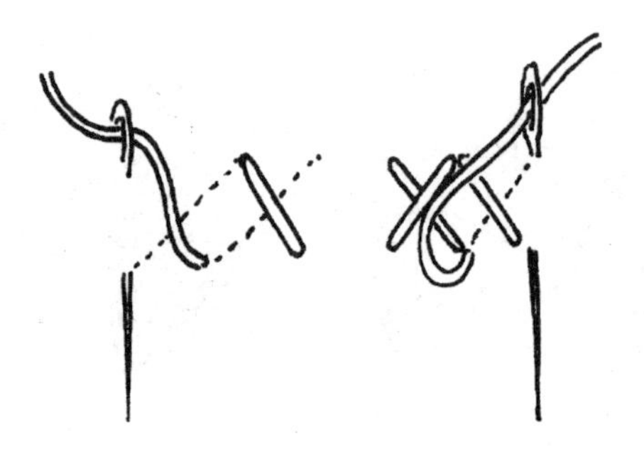

图 3-61　十字绣针法

3. 浮雕绣

浮雕绣是指在织物上附加高出表面的浮雕式刺绣，它的纹样装饰成立体效果。有盘金绣、珠片绣、带绣、钉线绣、堆绣等很多种针法。

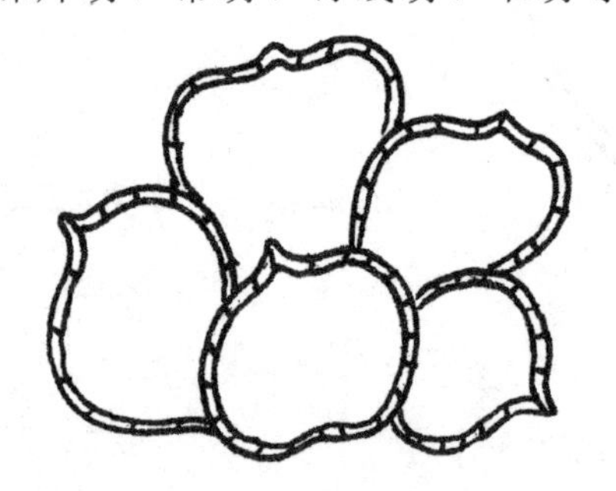

图 3-62　盘金绣示意图

4. 附加织物绣

附加织物绣是指在织物表面附加织物，从而形成微凸纹样的立体造型方法，此外，在织物表面钉缝，使之立体塑形也是刺绣常用的针法，比如补花、褶绣等。

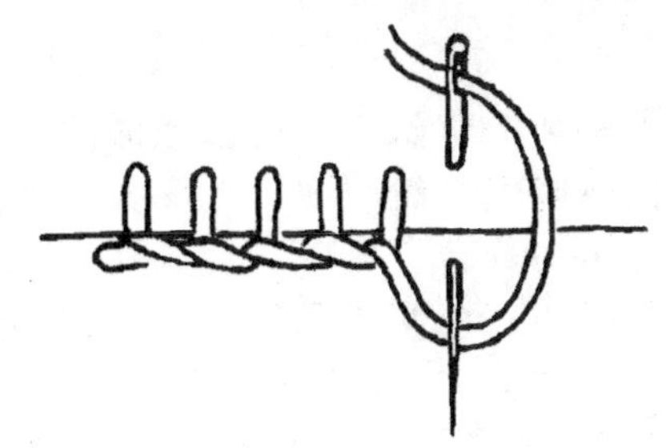

图 3-63　补花示意图

（二）　刺绣图案与风格设计

刺绣有着悠久的历史，在我国是较为普及的民间工艺。自古以来，刺绣与织锦被誉为“锦绣文彩”，是我国宝贵的文化遗产。久负盛名的四大名绣各有特色，无论是应用与服饰、室内装饰还是生活用品都极具实用性与欣赏性。其中，苏绣色彩和谐、图案秀丽、针法活泼、绣工精细；湘绣形象逼真，色彩生动，质感强烈；蜀绣浓淡适度、平齐光亮、疏密得体；粤绣色彩浓艳而不俗，图案严谨，它们广泛应用于生活当中，为世人所喜爱。

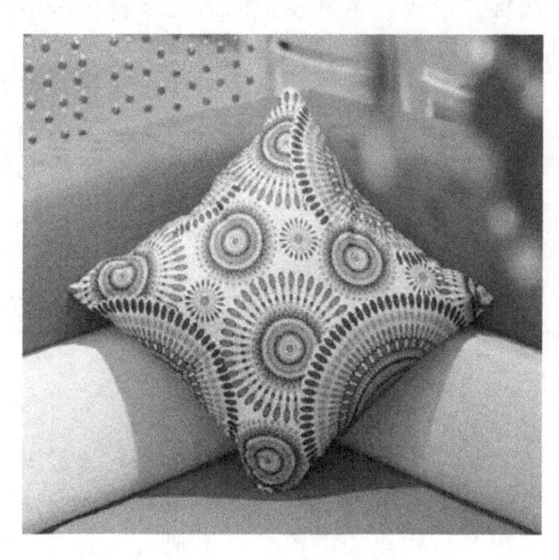

图 3-64　传统刺绣抱枕

四、 地毯图案设计

地毯主要用于覆盖与装饰建筑空间内部地面的一种较为厚重的，由羊毛或其他纤维材料在棉或麻线上编织而成的织物。就其使用功能而言，有卧室、客厅、楼梯、走廊与舞台、剧院、会议厅、宾馆等各式各样的地毯类别。地毯的构图独具匠心、色彩柔和绚丽、纹样华丽典雅，一直以来都是一种融实用与观赏为一体的室内装饰物。

中国地毯艺术有两千多年的历史，其格局庄重肃穆、纹样富丽堂皇、色彩典雅。中国地毯以米字格为基本骨架，四周环绕着三边(即外边、大边、内边)，以圆夔(即团花)占据毯面的中心部位，四个角隅为等边三角形的角云装饰，其设计突出中心统一，四周呼应的构图格局，这种设计思路与中国传统四平八稳的建筑风格、端庄稳重的环境空间是相一致的。中国地毯的纹样主题主要有玉堂富贵、平安如意、五福捧寿、国色天香等。在色织上，它借鉴了中国传统工笔画中的渲染方法，画面立体感强而且富有色泽感，显现出雍容华丽、凝重高贵、古朴端庄的风格。单纯的素裹式、淡雅的彩枝式、典雅的古纹式、豪华的美术式都是京式地毯在现代空间装饰的需求下又衍生出新的样式与风格。

现代地毯在题材、形式、色彩及空间布局上与传统地毯的风格截然不同，它不受限制，其铺设与特定的室内装饰风格相互呼应。现代地毯和现代建筑空间以及现代人的生活方式、审美情趣息息相关并有机结合。在整体装饰格调上，现代地毯以创新来取胜而非以富丽、浓艳为主，现代地毯逐渐成为地毯领域中极富活力的后起之秀，不断迎合多元化社会与多样化个性的审美需要。

由于地毯良好的实用功能和装饰功能，受到世人普遍的赞赏，故此，地毯图案的发展和演变也逐渐由粗狂渐渐变得细腻精美，地毯的图案造型可大致分为以下五类。

1. 古典型图案

古典图案是以传统的流纹样中的元素为母题，运用现代的装饰形式为法则，经过精心构思，组合为形式新颖的图案。古典型图案既具有传统的民族文化色彩，又符合现代审美的需求，反映出人们对传统文化的依恋情结以及对现代艺术的审美品味。在古典型地毯中，有很多派生的地毯图案如“北京式”地毯就在传统的基础上派生出的“古文式”地毯等。

图 3-65　古典型地毯图案设计

2. 写实型图案

写实型图案是运用概括、提炼的艺术手法，以自然界中美丽的景色和花卉为题材塑造形象的方法，这种图案既保留了原形象的基本特征，又比自然形态更典型，具有现实形态的美感因素。写实型图案使人沉浸在一种大自然风情带来的享受中，运用自然形态美感创造意境，体现了中国文化中“天人合一”的哲学思想和精神内涵。

3. 自然田园型图案

自然田园型图案通过特定的形象组合，描述生活场景和故事情节，是以描绘自然田园风光为题材内容的图案，它使人欣赏图案中蕴涵的意境，具有一定的文学性审美趣味。如狩猎、庄园生活和寓言故事、风俗节日等地毯。

4. 几何抽象型图案

几何抽象型图案是最富有创造力和最具活力的形式，它以抽象的点、线、面等几何形态为造型元素，在进行多种的几何形态变化后，以简洁、明确、单纯的造型，组合成富有视觉情趣的，突出节奏韵律的具有美感的图案。抽象图案有直韵、曲韵、组合韵等几种构成形式，它们又可分为规则型和不规则型。其中，规则型抽象图案富有秩序美感，不规则抽象图案自由灵活，轻松活泼，自由浪漫，富有律动美感。几何抽象图案以现代室内空间设计构成意识引发创作灵感，具有抽象画的意韵。几何抽象图案以追求时尚变化、体现个性化审美情趣为创作理念，以将现代生活方式与审美情趣有机结合作为目标。

图 3-66　几何抽象型地毯图案设计

5. 仿皮草型图案

仿皮草图案是具有大自然野性情趣的地毯图案，它是一种模仿光泽媚人、触觉柔软的动物皮毛效果而制成的。这种图案风格散发出其他纤维无可比拟的气息，透射出原始狂野的魅力，其题材纹样大多选择动物的图纹皮毛，如虎皮、豹皮、斑马纹等。仿皮草型图案展现出古朴原始的独特艺术风格，它充分运用现代科学的仿真技术，使模仿的皮毛质感和触感非常逼真。

五、　扎染与蜡染图案

（一）　扎染图案

扎染是一种历史悠久的传统手工印染工艺，在我国古代称之为“绞缬”，扎染的色泽纹样具有简朴明快、神奇多变的特点。其基本方法是先用线将织物折叠捆扎或缝扎包绑，然后再进行染色。因在捆扎缝绞时织物所承受的松紧、轻重压力不同，所以在染色过程中染液浸透于织物纹理中的程度也不同。正因为此由此产生了各种深浅虚实、变化多端的色晕效果。

图 3-67　扎染家用纺织品

扎染用到的工具主要有染缸、加热器、天平、量器、测温器、搅拌器、熨斗、大盆和辅助用品等。扎染需要的材料有织物、针线、染料、各种助剂。在扎染过程中有许多扎的方法，比如捆扎法、夹扎法、缝扎法以及综合扎法等，也有许多染得方法，比如：直接应染料扎染、使用酸性染料扎染以及多套色染法等。在扎染过程中，不仅要有工具、材料、各种方法，还要在扎染过程前以及扎染完成后对织物进行处理。只有充分细致的操作扎染的全过程，才能生产制造出精美优良的扎产品。

图 3-68　捆扎法

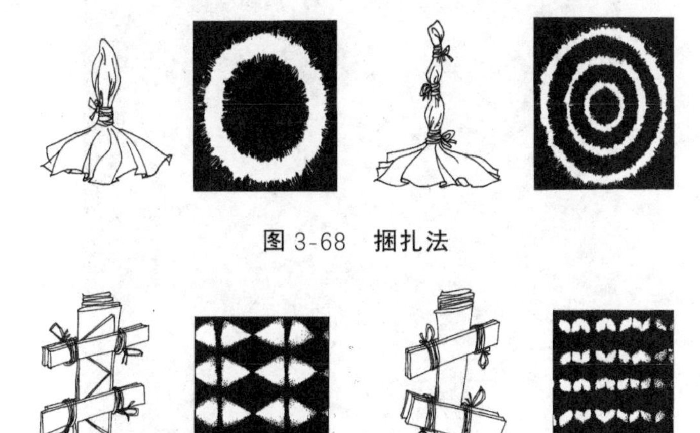

图 3-69　夹扎法

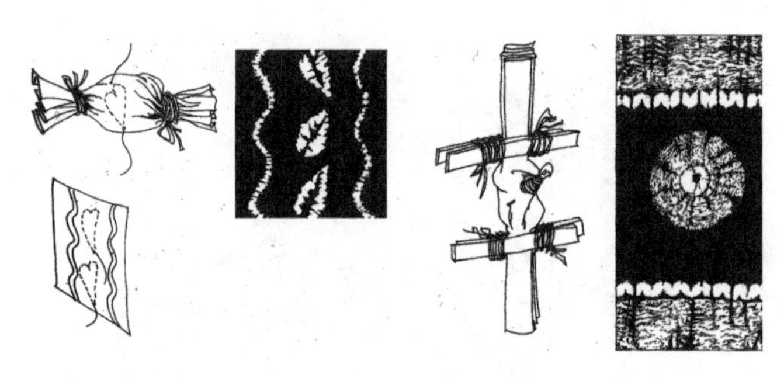

图 3-70　综合扎法

（二）　蜡染图案

蜡染在我国是传统的印染方法之一，其基本原理是利用蜡质的防染、防水性能隔离水性颜料的浸入，从而使织物在局部出现符合要求的染色效果。蜡染根据艺术属性和生产方式可以划分为蜡染画、民间工艺品、工艺美术品以及防蜡染产品。蜡染所用到的工具主要有蜡刀、蜡壶、铜丝笔、绷布框、蜡液容器和染色工具等。蜡染的工艺流程可以分为以下七个步骤，它们分别是：织物前处理、图案设计小稿及拷贝、上蜡、折蜡、染色、退蜡和水洗。蜡染产品色彩斑斓、图案丰富、肌理变化明显，具有生动丰富的浓郁民间气息和淳朴的民间艺术特色。

图 3-71　蜡染图案作品

第七节　家用纺织品图案时尚化设计研究

随着经济的不断发展，阶层划分的“金字塔”顶端和底端不断缩小，成为“橄榄型”的以中间阶层为主体的社会格局，世界人口向“全球中产阶级”的趋势迈进。中间消费阶层成为社会的主要消费阶层。越来越多的人脱离温饱问题，开始追求更好的生活方式。在消费生活中对于文化、个性等消费热点都给予了较高的关注。中间消费阶层的生活方式显示出同一趋向性。首先，他们追求时尚与品牌，品牌不仅仅是代表消费者的档次和价值，还对消费者个性、个人价值观和自信的体现。其次，他们要求彰显个性，消费方式、生活风格与文化品位所主导的生活方式的差异成为彰显个性的主要途径。最后，把家庭生活的地位提高到了史无前例的程度，表现出对家有着无比的眷恋。

家用纺织品图案的设计发展方向必然是与消费人群的生活方式相契合的。家用纺织品图案设计创新在美的基础上还应该有关注人生理需求的同时关注其心理诉求，与社会需求及市场需求相适应，以科学技术作为设计的基础和动力，图案设计的可实践性等多方面的考虑。对于人的价值观念、个人品味、审美趣味等文化性和精神性的诉求的考虑，让设计从一种物质设计手段提升至一种文化性的设计手段，并以对人们生活方式的提升作为重要的目的。

一、　家用纺织品图案时尚化设计动机

家用纺织品图案时尚化创新主要设计动机针对于家用纺织品设计师的自身提高，对于目标消费人群深层心理和生理诉求的关注及满足以寻求更积极的生活方式，以及对于我国家用纺织品行业更好发展的促进。

针对各个消费阶层的调查与分析使时尚化的家用纺织品图案能锁定主要消费人群为中间消费阶层。对于此消费阶层的调查与分析，让家用纺织品图案时尚化的设计更加具有明确的针对性与目的性。艺术设计作为与人类生活方式契合度较高的生产活动，对于生活方式的关注必不可少，同时两者互相影响与促进。家用纺织品作为人们家庭生活必不可少的一部分，与人类生活方式的关系更加紧密。对设计师的综合素质提出了更高的诉求。

家用纺织品图案时尚化的设计旨在创造与目标消费人群生活方式所契合的图案。从目标消费人群的心理、生理多方面关注消费需求，注重图案设计的美观实用性的同时关注其文化性开发,并关注与消费者本身个性、室内整体家居等多方面的联系，促进目标消费人群生活方式向更积极的方向发展。

家用纺织品图案时尚化设计同时在生产角度有助于生产者扩大消费人群，促进纺织技术的进步，刺激消费流通性的加快。针对国内外不同设计家用纺织品图案设计状况的调查，明确家用纺织品图案时尚化设计的进步空间,对家用纺织品图案各个方面的进一步分析以明确具体的设计方向，关注消费者的心理需求，在纵向上扩大消费人群，同时家用纺织品生产者加强自主创新性，与国际化的时代潮流相结合。在横向上更多的扩大消费人群。

二、 家用纺织品图案图形时尚化设计

（一） 传统图形与数字进程相融合

Indigo 展会回归巴黎，为设计师提供了秋冬季的最新印花趋势。在此次展会上也许多作品也呈现了传统图案现代化的设计趋势。

图 3-72　花卉图案设计

第一，花卉图形作为传统家用纺织品图案的代表融合数字扭曲，造成大理石花纹效果，散发出现代迷幻风格的气息，同时对称结构的数字印花也为经典的纺织品图案样式，给花卉图案注入后现代气息；第二，数字进程与传统工艺相融合，如借轧染图案本身晕染所造成的色泽多变的效果再结合计算机技术，把图案进行重复、拼合或者切割，打造不同传统的万花筒式图案；第三，传统的条纹图案作为现代设计风格的代表性图案开始演变为未来风格和数字图案；第四，从印度、日本、摩洛哥传统纺织品中汲取设计灵感，运用崭新的图案及色彩为其注入现代气息，包括简化印度刺绣、类似瓷砖的精致繁华图案、蜡染图案等等，简化设计使这些传统纹样更加现代并具有真实感。

图 3-73　花卉图案时尚家用纺织品

（二）　写实类图形趋向抽象、简洁化

现代都市生活使得人们持续对于自然渴求，自然类题材仍然是家用纺织品不可或缺的题材之一。花卉树木或者动画类图形以抽象剪影形式表达已是较为常见的形态。

图 3-74　自然形态抽象化表现的家用纺织品图案

（三）　图形主题趋向多样化

除了花卉、鸟类等传统主题，动物皮毛、抽象手绘图案、不规则几何图形、文字等作为图形也越来越多的出现在纺织品之中。真实动物皮毛出于环保概念很少有运用，同时，斑马纹、豹纹、鳄鱼纹、龟纹等纹样成为动物皮毛印花的采用纹样。纹样的放大或缩小所形成的抽象纹样都很具有现代感。就文字作为图形来说，不论是现代风格的印刷字体、复古或古老的手写字体、还是源自于旧海报或香水瓶的印刷字体都被广泛运用于现代家用纺织品设计中。

图 3-75　Gia Wang 涂鸦字体抱枕(PUNK)

三、　家用纺织品图案色彩时尚化设计

突破传统色彩运用规律，将个性抢眼的色彩运用于传统图案。中产阶层受过良好的文化教育，对于宣扬个性有着一定的自我态度，能彰显个性的色彩成为设计思路之一。关注消费者内心需要成为家用纺织品图案设计的必须考虑条件之一。中产阶层工作生活压力相对较大，大部分位于城市生活，温暖柔和的治愈系色彩成为其色彩趋势之一。白色、奶油色、瓦灰色等微妙的同色系色彩是治愈系色彩的代表。这类色彩对比度较低，明度较高，观感轻松愉悦，对创造明快和谐的室内环境能起到很好的营造作用。同时，深浅不一的灰色，接近木质纹理的褐色和象征生命的绿色等大地色系，也能带给人安定踏实的观感，具有稳定人心治愈力量。

图 3-76　家用纺织品色彩时尚化设计

四、　家用纺织品图案构图结构时尚化设计

满幅回位的构图形式不再是唯一的设计方法，独幅定位印花成为又一现代之选。满幅回位作为家用纺织品图案的传统构图，以其严谨的构图形式和符合滚筒印花工艺的技术特点，成为家用纺织品图案最具代表性的特点之一。随着科技的发展，电子技术可控的数码印花为家用纺织品图案的设计带来了其他可能。在床品上印制独幅设计图案变得简单易行。同时，减

少了对于设计方式的限制，为其他艺术形式作用于家用纺织品图案提供了可能性，独幅的画作、摄影等艺术形式可以直接运用于家用纺织品。

图 3-77　梅花摄影作品应用到家用纺织品图案设计

五、　家用纺织品图案表现手法时尚化设计

传统水彩和水粉的绘画手法依然是家用纺织品图案表现主要手法之一，随着绘画方式的不断发展，家用纺织品图案的表现手法也在不断拓宽，并日渐趋向于更加轻松自由的表现方式。多种绘画手段的相结合成为时尚而常见的作画方式，设计师不再局限于一种绘画手段，水彩、油画、水墨、拼贴、电子打印技术相结合，在画面上呈现出矛盾又融合的视觉效果，在画面的丰富性和多样性上都有很大的突破。同样，这样的作画手法可以运用于家用纺织品图案设计之中，去创作独幅或者循环回位型的家用纺织品图案。独幅图案的可以完全依照绘画的创作思路，注意装饰的美感，多种综合材料相结合运用而创作。回位型图案需要在注意单个回位与循环回位的关系，在框架的基础内运用多种创作手法相结合。同时，当代绘画方式也不再局限于纸笔等实质性载体的作画，电子技术，摄影技术，光影技术所创作的流动性、瞬间性或者立体性的画作越来越多的进入我们的视野。

这些作画手法对于家用纺织品图案的设计有直接或间接的指引性作用。而数码印花技术的发展为写实照片、拼贴手法等多种创作手法的相结合提供了可能。在滚筒印花时代，表现写实照片式图案受到分色和制版的影响十分困难。现代数码印花的发展，可以把已创作的各种表达方式的图案转化为适用电子图像，然后直接把图案直接喷印或者转移印到布料上，为设计师提供了更多的方便。同时电子压褶、电子切割等技术帮助了立体型的纺织品的制造，使得设计师在创作立体型、光影型的图案时有更多的表现空间。

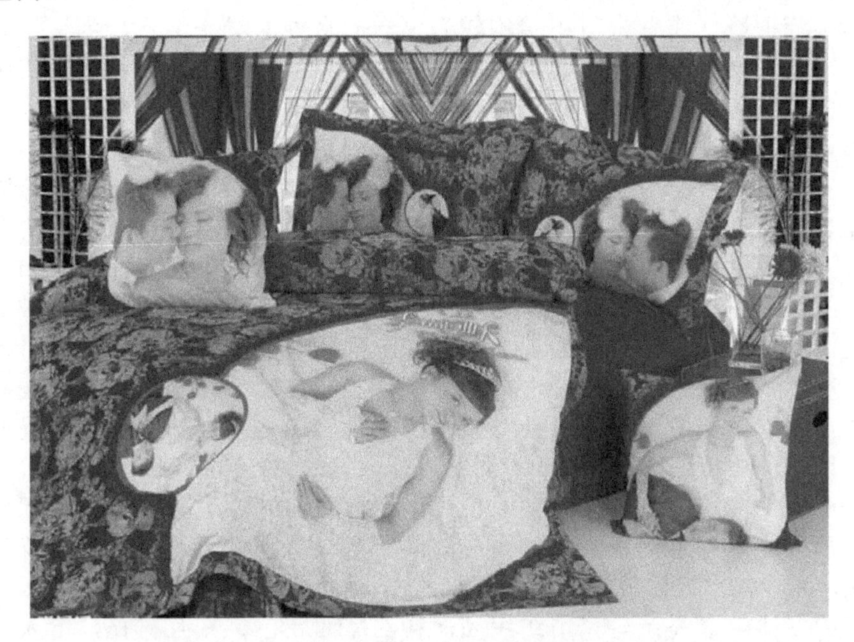

图 3-78　带婚纱照的婚庆家用纺织品图案设计

六、　家用纺织品图案时尚化与新型纺织材料与技术结合

家用纺织品与材料关系密切，作为家用纺织品设计的承载品，材料的轮廓、线条、色彩等都直接影响着家用纺织品图案的设计。首先，新型纺织面料中，材料的功能性成为其基本属性要求。除了基本的耐磨、强度、吸湿、透气等舒适方便的基本实用功能以外，材料的抑菌、亲肤、抗紫外线等保健功能成为对于家用纺织品面料的基本要求。如大豆蛋白纤维，通过提取大豆中的蛋白质和多种微量元素制造，它兼具天然纤维和化学纤维的综合优点，制造出的面料较为柔软轻盈，如何从功能性中融合心理性的象征价值，协调物质需求和精神需求，挖掘材料的实用性美感是设计的方向。

新型纺织材料与技术对于面料的肌理表现有巨大的影响。面料表面不再只追求光滑和光泽，不同面料的厚薄、稀密和轻重会形成不同的视觉及触觉感。在一种面料上利用不同的经纬线编织方式，同时表现粗糙和光滑也越来越常见。面料的肌理可以形成不规则的自然形状，也可以根据数字技术的控制形成规则的图形。除了勾、织、剪、撕以外，多种面料的相拼接也为面料肌理的形成提供了另一手段，运用不同面料的光泽和质地特征对其实行再造，或者将组织结构较为单一的多种面料相结合，创造不同的视觉冲击。比如光泽细腻的绸缎面料和织纹粗糙的丹宁织物，轻薄的半透明丝质面料和厚重的皮草相结合，多面肌理和单一肌理的相组合，不同凹凸肌理效果的透叠组合都可以创造出新的面料肌理。

新型纺织材料与技术对面料的物理或者化学加工，使得面料的外观造型和表面肌理均发生根本性的转变，同时打破原有材料单一、平面的空间效果，实现材料的三维立体空间感。这些在服装面料上已有探索，如三维一体的褶皱面料服装就是面料由二维转向三维的代表之一，运用褶皱机器改变面料本身的垂顺感而创造出起伏和空间感。同时运用化学手段对于面料的腐蚀、涂层等也是创造面料的空间感和立体感的方式之一。这些立体性的探索都拓宽了面料的设计空间，同时也为表达不同的设计理念提供了新的设计手法和设计方向。在对面料进行由二维到三维的改造的过程中，面料将产生更多的可能性，既然我们已经在面料的二维色、织上发展到极致了，那就应该考虑到三维立体阴影的应用效果，那么再造这种技法就可以实现，能够有效的打破面料的这种平面性，使面料向多层次立体化发展，它形成的立体阴影关系与家用纺织品面料的品面花色，相互衬托，给人带来更舒适更真切的感官体验。

图 3-79　三维立体面料家用纺织品

第八节　后现代主义文化背景下中国家用纺织品图案设计战略

21世纪的经济全球化加速了文化的碰撞与融合。中国在加入WTO之后的历史进程和机遇正围绕现代经济的快速发展推行新的文化发展决策，而与人类生活密切相关的家用纺织品的美化设计，无疑成为其中的组成部分，它不仅呈现出物质形态的丰盈程度，而且在文化的疆域中也将出现令人欣喜的局面，然而，它和其他设计形态一样在面临着新的发展机遇的同时也面临着严峻的挑战。随着我国改革开放的不断深入，我们越来越清楚地认识到西方设计艺术领域在开放式的文化策略下所形成的后现代文化思潮对全球的影响是巨大的，反映在具体的设计上，可以看到中国当代文化从中所受的影响也极为明显。

一、　西方后现代主义的特征

西方后现代文化与西方传统文化的不同之处在于它采取的是破坏——创新——破坏——创新这种变化创新的文化策略，由此构成的社会总体价值观与批判精神是通过艺术的开放性与超前性去引导人们追求本真的生活和完美的境界的。其实，西方后现代文化思潮是继现代主义思潮而不断凸显出来的。因为，现代主义思潮对技术未来的坚信，对人类进步、客观真理的信仰，促使着现代艺术不断地被创新和超前，无论是绘画艺术还是设计艺术均向多维度、多层次地让观念与材料和技术成为一时的内在需求和普遍的时尚。然而，从艺术设计的角度看，后现代艺术是后工业社会文化矛盾冲突中涌现出来的新思潮，它起源于概念意义的内部，即艺术是信息时代的文化衍生体。与西方后工业文明相适应，它逐步代替现代主义而成为世界性的主流文化。

作为主流文化的西方后现代主义在20世纪40 年代已经形成，但真正成为主要力量是在20世纪70年代。西方后现代文化思潮下的艺术设计打开了复兴的观念、材料和意向等一系列的设计方式，主张兼容的美学观，横向包容着本土的、外国的、高雅的、通俗的、民间的等等；纵向连接着传统的、古典的、现代的、当代的等等，体现出表现手法的丰富性和设计形式的不确定性。

二、 后现代主义文化对现代文化的影响

对于一个广泛传播的文化变迁，后现代文化思潮显然属于广泛的文化现象，但它对设计有着更重要的影响。如深受法国哲学思想影响的符号学、结构主义和解构主义概念都被纳入设计思考的语言之中使各种各样的设计呈现出超越于以往任何时候的设计风格。而身处“全球化”语境下的我们，愈加觉察到在室内这个温馨的视觉世界里所呈现的图案装饰和其他艺术设计一样被浓浓地渗透着上述西方后现代文化的气息，这种文化的气息一方面说明我们的生活在满足物质需要的前提下更需要精神生活的高质量补充；另一方面也说明了我们与之朝夕相处的室内美化尤其是室内纺织品的装饰美化更需要有一个超越原有视觉美感的新的设计状态出现。

在整个历史时期的变革与推进中，室内纺织品图案设计的美化显得更为重要，因为其审美文化的功能潜移默化地在我们的生活中起着微妙的变化与作用，从这个意义上说，社会上生存的每一个人都成了为自己的生活进行精心设计的设计师，尤其是我国家庭经济生活得到富裕之后人们正在想方设法变更室内美化的质量，这种情况导致了中国纺织品图案设计在中国家庭内部生机的出现。然而，作为专门的设计师来说，不能不看到我国当代家庭室内纺织品设计所受西方后现代文化思潮影响的迹象，也就是说，中国大多数家庭的室内纺织品选择都不同程度地存在着西方设计风格的影子，这种文化互补的情形，在具有开放政策的中国来说是件很自然的事。然而，生活质量和审美情感上的更高要求在我们的设计师面前却提出了一个新的而又令人深思的问题，那就是：哲学科学、政治、经济基础的变革拉近了我们东方与西方在文化艺术上的距离，各国自身文化的特色也必然形成某种优势而更有可能在这种近距离中被对方所认可和欣赏，那么，在历史给我们这样优裕的条件下，我们怎样用既具有本国特色又具有世界共通审美特性的家用纺织品去满足世界上其他国家的审美需求呢，这显然是一个多层面的问题。

三、 后现代主义文化对当代纺织品图案的影响

西方后现代文化思潮对我国设计界的影响足以说明中国当代纺织品

图案设计在本国范围内发生了十分显著的变化，然而，这种变化似乎只能认为它是在中国设计领域整体心理需求上的变化。为此，在中国家用纺织品图案设计上我们很难看到真正意义上的高水平设计，部分所谓的图案设计师只是顺应了这种大众趋于时尚的心理需求，并简单地满足了这种需求而已。正因为如此，上述问题所涉及到的主要层面应当有两个：一是如何更好地吸收西方后现代文化思潮下的美学成果来为本国的纺织品图案设计服务；二是我们如何拿出带有中国意味或者说中国特色的、并且合乎世界新潮流的家用纺织品图案设计去为世界上更多的国家服务。在此不难看出，这两大层面可以整合为一个最核心的主题，即：从东西方文化互补的角度和设计战略的高度发展当代中国的纺织品图案设计已显得刻不容缓。

著名哲学家马尔库塞认为："艺术有双重使命，一方面，它是对现实社会的批判；另一方面，它又是解放的企盼，艺术承担着不间断的人类文化智性的重任。"中国家用纺织品图案设计虽然不能属于一种独立的艺术形式，但它包含的文化因素和艺术特色及其美学成分却极为浓厚，它同样能够像艺术作品所肩负的重任那样来表达设计师的艺术观念。换言之，它同样能够作为设计家抒发审美情感和表达他们对人类企盼的手段甚至在图案设计的背后映透着设计师施展艺术才华的天分和表现独特的时代精神。为此，无论从文化的角度还是从战略的高度看问题，在家用纺织品图案设计这一与当代生活最为密切相关的设计领域进行国际性开发，不仅对中国图案的历史资源要进行研究、选择、融合和创新，而且，作为图案设计的创新定位，主动吸收西方后现代文化精华就成了一件很有意义的事。

四、　中国家用纺织品图案设计的局限与发展

显然，在对中国图案进行研究的过程中我们不难发现：其数千年的根基和民族精神始终贯穿在基于原始文化体系部自发的那种抽象性和表现性以及自商、周以来所推行的"中和主义"这样两根主线之中。在第一根主线中，原始图案与其说是装饰和美化，倒不如说是以美的智慧在描绘"观念"。图案在当时成为大部分被用作索取需要过程中人的心理和自然现象"互渗"的视觉参照系；是人对自然抗争的意志和精神力量的表示。因此，在图案的表象上有着能够为今天的图案创造提供超越自然的、抽象的参照性作用：从第二根主线中看，仅以汉代为例，我们就可以看到两类较对立的装饰形态一类是继商、周青铜器图案的独特面貌之后，再经春秋、战国的变革和发展以至形成了汉代自身的装饰风貌—抽象的具有强烈运动感的

图案形象。如各种漆器、锦绣、瓦当、陶器、铜车纹饰等等，它体现出冲破一切而又轮回宇宙间的人的内心情绪的运动从而丝毫不失精神和物质的和谐与统一，这类图案为达到人的主体精神的和谐，在物质表现形式上常借助器物装饰的循环或以稳定性的区域划分以及穿插几何形等手法；另一类是在“和”的精神气氛中寻求与之相应的静态的表现方式，一种井然有序的特性，即所谓“米字格”和“四方八位”的装饰手法。这类图案的整体精神风貌主要体现在大量的铜镜纹饰中。从上述两根精神主线的分析中可以明确地看到，中国图案文化所反映的美主要在于内在的精神特性，它所要表示的是伦理的和谐与精神世界道德的秩序。

为此，“和谐”成了中国人作为一种精神特性而使之通向人的主体的、内省智慧世界的精神媒介，是人的情感与理智的统一。其精神实质使中国图案和中国绘画、文学、音乐等艺术种类的审美本质达到了趋于一致的可能。可见，中国图案是以中国哲学思想为前提，并在中国文化网络框架中发展和得到运用的，其内在的气质和深刻的自我意识使图案设计追求完善的精神境界，图案的风格和形象显得丰满而又雄厚，庄重而又质朴，它内在的精神气质是世界上任何国家的图案所不可比拟的，显示了中国古代哲学思想和中国古典美学思想的高度统一，从而使中国图案的外部形式在总的主体精神指导下产生出一个强烈而独特的民族风貌。

以上我们对中国图案尤其是古典图案的分析与认识，目的在于能使我们当代家用纺织品图案设计在吸收西方后现代文化成果的同时，还应当十分重视中国图案的艺术特色，或者说以战略的眼光看，中国家用纺织品图案设计在走向国际舞台的过程中不能不以中国自身的文化优势来形成自己的特色。

此外，从战略发展的思路上看，吸收西方后现代文化成果，正是为了更好地使中国当代家用纺织品图案设计在本国图案艺术特色的基础上展示出符合当代国际审美潮流的崭新面貌来。为了实现这样的愿望，我们还必须看到中国图案在传统的历史氛围中所存在的局限性。

从中国图案发展的轨迹中不难发现：“图案在各个时代的单独面貌非常明显，其中不乏其创造性，但由于中国古代图案的内在本质过于‘中和’，使得后世的图案面目不能有所突破。如唐代的‘卷草纹’竟成了千百年来效仿的典范。这种无论题材还是风格上的一体化使中华民族原有的那种极强的创造力肌体内部得不到本质上的新陈代谢。因此，‘中和’精神作为中国图案艺术中民族精神的主体在一定程度上阻碍了中国图案创造性思维的发展。换句话说，中国图案在‘中和’精神的长期影响下，使图案的外在形式逐步凝固成了一个单一的循环型封闭模式，以使图案的创造性思维陷入了僵化的境地。

指出中国图案的历史局限性，一方面是为了我们今天在着手创造新的家用纺织品图案时能大胆地突破一般的思维模式另方面是利用这种独特的历史背景构建既与传统有联系，又迥异于传统的当代图案设计新模式。更具体地说，就是化中国传统图案中的不利因素为当代中国纺织品图案设计中的有利因素，使中国家用纺织品图案设计在吸收任何外来文化时所产生的“语境”始终不会脱离自己的母题与系统。

如前所述，中国家用纺织品图案设计随着改革开放的进程而自觉或不自觉地受到了西方后现代文化思潮的影响，使得图案的面貌在新的设计观念的作用下出现了设计美的进展，然而，这种进展仍然缺乏代表当代中国图案设计风格的整体力量。可以说在进入市场经济这样一个新局面、新态势中，中国家用纺织品图案设计的境况是颇为自政的。尤其是图案的造型、色彩、结构和风格都存在盲目西化的迹象。这种西化的情形在当代的眼前出现，不能不引起我们的重视。因为在当代中国家用纺织品图案设计中难以看到一种严密的设计管理和新型的图案设计的历史性指向。目前，中国加入 WTO 之后，这种迹象不应该再延续下去了。为此，我们应当认清形势，充分发挥中国家用纺织品图案设计家们的智慧，积极采取新的和有意义的战略措施，使图案设计在当代中国家用纺织品上既体现出时尚性、中外民族文化的互补性，也体现出中国图案设计的当代精神以及审美设计上的高水平。

五、　后现代主义文化背景下中国家纺图案设计战略

在国际性审美文化交流的崭新平台上，中国家用纺织品显然成为一道亮丽的风景线，而构成这道风景线的审美元素却更多地属于其中的图案设计。为此，在当代中国家用纺织品图案设计上下功夫就显得特别具有现实意义，尽管图案设计本身必须要依赖于纺织物作载体。但作为图案设计的审美价值，它又是一个多层次的连接体(例如它既与文化、美学相连接；又与道德、经济相连接)。以此进一步说明了健康的图案设计必须以高雅的审美文化作基础。中国当代纺织品图案设计的战略依据必须重点考虑到这方面的因素，甚至可以说，在强调吸收西方后现代文化和艺术表现手段时更应该重视到这一点。因此，要从根本上适应新世纪发展的需求，在接受西方后现代文化思潮影响的同时，当代中国家用纺织品图案设计的战略措施

可具体落实到以下各个方面来认识。

（一） 高度突出图案设计中的人文因素

我们知道，无论从中国的还是外国的装饰图案历史看，在沿着古典传统走向现代和后现代的曲折道路上图案的人文特征十分明显。图案设计已成为无数文化积淀的事实。尤其在人类文明的进展中，图案的审美需求在充当着社会细胞的家庭内部始终表现出浓郁的文化色彩，进而成为人类文明、文化承传的主要方式之一。作为家用纺织品图案设计而言，从本质上看，它体现了“美是自由的象征”这一美学哲理。为此，有意识地通过图案设计来传播当代的人文精神，可以使图案摆脱单纯的视觉范畴而饱含更多、更深沉的文化因素。中国当代家用纺织品图案设计中的文化含量同样充分证明了美化是人类对幸福和光明的追求和创造；作为文化的一面，它展现的是人类的真、善、美，是人的美的心灵，因为文化的实现和发展就是人的本质的全面而自由的实现和发展，是人类从必然王国向自由王国飞翔的见证。

（二） 图案设计更重视后现代文化思潮下的美学观念

如前所述，后现代主义美学观体现出极大的包容性和形式的不确定性以及风格的自由选择性，而这些在传统的美学观念中是不可能存在的。然而，它并不排斥传统美学观念下的艺术成果。虽然处于后现代文化思潮影响下的当代设计与古典传统的美学观在历史维度上相距深远，但经过现代主义这一中介桥梁的连接，使得后现代主义和现代主义美学观，包括与古典主义的传统美学观有了一个自然层次上的渐变与过渡，即使它们三者的美学观念存在着明显的差异性，但后现代主义在这三者之间显得更为活跃和自如。在很多情况下，后现代文化思潮表现出对古典传统美学魅力的亲和性，因而出现了挪用古典、综合传统的创造性艺术活动。与此同时，后现代主义的设计思想还断然表示对现代主过分崇尚理性设计的反感与厌恶，进而提倡人性解放和崇尚文化特色的追求。体现在家用纺织品图案设计方面就是重视图案的装饰，而且，这种图案的装饰在新的美学观念的支配下必然呈现出多元化的美感价值来。由此可以说装饰图案在后现代文化思潮中占据了重要地位，它以实际行动对现代主义的“装饰就是罪恶”进行了有力的批判，为当代人的生活和审美需求插上了有力的翅膀。

（三） 在多元、综合性前提下打造中国当代家用纺织品图案设计品牌形象

显而易见，当代世界性文化的共同特点是多元化和综合性的体现。对于当代中国家用纺织品图案设计来说同样如此。这就为图案设计的心理空间和视觉革新创造了条件。因此，图案设计在注重吸收西方文化的过程中，应当采用多元化、综合性的设计原则。只有真正做到了多元化和综合性的表现，东西方文化的互补状态才能富于时效地体现在当代中国纺织品图案设计之中。采用多元化、综合性的设计原则，重点是以此为前提，将设计具体到品牌形象的塑造上。为此，对外，图案设计必须强调中国的文化特色；对内，应更加用心地吸收西方文化艺术中的精华，以满足当代中国家庭内部的“软装潢”设计。品牌意识在中国家用纺织品图案设计中的强调不仅能够繁荣国内家用纺织品的市场，而且可以促使其设计管理机制的进一步完善和设计水平的进一步提高。这种良性化的发展能够从正面推进中国文化与西方更多国家在生活艺术上的交流与合作，以便更好地满足中西方当代人的审美需求。

（四） 加强专业设计师艺术素质的培养

当代中国家用纺织品图案设计水平的提高必须依靠广大专业设计师设计观念的更新。要做到这一点就必须牵涉到设计师自身知识结构的各方面塑造。其中，注重和加强两方面的修养尤为重要：一是认真浏览中外艺术史，并从中发现新的设计思路和树立敢于向前人挑战的全新的设计思维模式；二是要求做到有过硬的设计技能，尤其是视觉思维能力的不断提高。因为家用纺织品图案设计从某种意义上来说更强调直觉的审美特性，诚如德国著名哲学家、美学家恩斯特·卡西尔所说的那样“如果艺术是享受的话，它不是对事物的享受，而是对形式的享受。喜爱形式不同于喜爱事物或感性印象的。须创造它们才能感受它们的美。一切古代的和现代的美学快乐主义体系的一个共同缺陷正是在于，它们提供了一个关于审美快感的心理学理论却完全没能说明审美创造的基本事实。因此，中国当代纺织品图案设计的创新，重点就是要求设计师把对时代精神的最新理解化为新的形式浓缩到纺织物上，进而通过视觉形式传递设计师全新的美学思想和设计愿望。

（五） 在图案设计中主动吸收西方后现代文化及其艺术表现手法

我们提倡吸收西方后现代文化中的精华，其实质就是吸收西方后现代主义的创新精神。所以说这种西方式的创新精神在人类文化历史背景下，更加明显地成为其发展进程中内部辩证程的结果，并且在或多或少的程度上对社会产生着决定性的影响。基于西方后现代文化创新精神下的艺术表现手法虽然还不能全然让我乐意去接受，但如果采取主动而不是被动接受的态度，我们的家用纺织品图案设计就能出现新的面貌。例如，将完美与“破坏”相结合、把局部当整体来处理，尤其是采用逆向思维的表现手法更能使设计中的表现形式产生陌生化的审美效果。关于这方面我们已经做出了类似的尝试，是还没有达到战略的高度。为此，我们不应该让这种类似设计战术的错觉所掩盖，而是用创新想去支配各种突破传统的表现手法，使家用纺织品图案设计真正在当代室内设计中充当起不可或缺的审美角色来。

综上所述，面对“全球化”文化思潮的影响，中国家用纺织品图案设计不仅应当充分利用本国丰厚的传统图案资源，更要立足世界，从战略的高度出发，在全球文化互渗的崭新平台上，主动吸收西方现代哲学、美学思想等文化成果，并且借鉴其艺术表现手法，以此形成中国纺织品图案装饰美的新格局，并以战略的眼光在人类新世纪文化价值的更高尺度上、在抒发当代中国人审美情感的同时，彻底消除历史的局限性和原有设计上的某些不足，做到有选择地吸收世界性的新文化，中国家用纺织品图案设计连同其审美载体在当今国际潮流中赢得新的地位与竞争力成为现实。

第九节 中国传统图案在家用纺织品设计中的应用与创新

人类社会的不断发展进步，使得全球化趋势不断加强，世界各国之间在经济、政治、文化等各方面的交流更为频繁和深入， 这对我国的艺术设计产生了深远而广泛的影响，纺织品图案设计也不例外。图案设计者的文化修养、审美情趣、思维方式甚至语言表达这些思想领域也有被同化的趋势。各个国家、民族与地域的文化特性也有不断丧失的趋势。一个优秀的纺织品图案设计师应该反思中国当代纺织品图案设计的正确发展方向，处理好民族传统文化与当今全球现代文化之间的关系。中国的传统文化之所以在世界上能够独树一帜，就是因为它那不同于其他国家的鲜明文化特性。优秀的纺织品图案设计只有融入特有的文化内涵才能有生命力，而丰富多彩的中国传统图案是值得我们学习和借鉴的。

中国传统图案有着悠久的历史和辉煌的成就，它种类繁多，内容丰富，应用广泛，既代表着我们中华民族悠久的历史，社会的发展进步，也是世界文明艺术宝库中的瑰宝。从那些生机勃勃、淳朴浑厚的传统图案中，我们可以领略到各个时代的工艺水平和中华民族源远流长的文化传统，许多传统图案经久不衰，至今仍被沿用借鉴，体现出我国传统图案的无穷魅力。中国在不同的历史时期，图案文化也不尽相同，各有特色。新石器时期的简洁、概括充满活力；商周青铜器纹饰的雄浑、神秘、威严和凶猛；春秋战国时期活泼多样、灵巧多变贴近生活的图案样式；汉代浑厚、宏大而又活泼的装饰风格……这些无不说明传统图案的设计无论是在造型方面，还是在装饰上，都经历了简单到复杂，单一到多样的变化过程。同时，在不同的时代、不同的地域，装饰图案的特征也各有不同，在表现题材、表现手法和艺术风格上都有它不同的特点。

一、　中国传统图案的继承与发展

在现代纺织品图案设计中，融入具有中国特色的传统图案元素，并通过对这些元素深刻内涵的准确了解和运用，赋予它新的时代感和生命力，这样不仅能让古老的艺术不断地传承下去，更能提升纺织品的文化内涵及商业价值。但是，随着我国经济的不断发展，改革开放的不断深入，大量外来文化也随之进入我国，众多艺术家在吸收学习外来文化的过程中，对利用中国传统文化、继承传统文化的观念淡化，特别是在当今社会主义市场经济条件下，这种情况更为突出。结果既形成不了中国传统文化的学术氛围，也没有真正学到外国精湛的文化艺术，最后闹个“捡了芝麻，丢了西瓜”的结果。当然，继承传统并不意味着墨守陈规，拘泥于传统，五千年的文明无疑给我们留下了一个巨大的艺术宝库，但是如果我们一味地沉迷在这一片区域内，刻板的套用传统图案和元素，我们引以为豪的传统图案艺术将会因为缺少新鲜的血液而停滞不前。只有对传统的借鉴而没有了创新，“设计”还能被称之为“设计”吗？ 因此，如何充分理解中国传统图案，吸收其精华，并将其运用到现代纺织图案设计中，这是当代纺织图案设计者需要进行思考和研究的。

传统是一定要继承的，但如何继承才是正确的方法，这是我们必须要深入考虑的。我们应当怎样科学合理的把传统图案应用到当今纺织图案的设计中呢？

首先要取其“形”。“形”指的是在保留传统图案精神面貌的基础上对其进行再创造的过程，而不是简单的照搬照套。这种创造必须以深刻理解为前提，用现代的审美观对传统图案中一些元素进行恰当的修改、提炼和运用，使其既保留了传统风格，又富有当今社会的时代气息。或者也可以把传统图案的表达手法和表现形式运用到现代纺织图案设计中，不仅可以传达出设计师的设计理念，也可以体现出民族特色。

其次要延其“意”。图案的魅力不仅仅在于其形态的美丽生动，更在于它所蕴藏着深层的象征意义、中国传统图案大都蕴含着深层的象征意义，正是这些意义使得这些图案历经数千年仍时常出现在人们的现实生活中，图案的诞生就是人们为了借其来表达自己的意愿。因此，图形是人们意识形态的外在表现。这些意义最初大多源自于对自然的敬畏和对神灵的崇拜，慢慢衍化成了那些丰富的吉祥寓意。不管什么时代的人们都对美好生活存在向往和期盼，因此，人们对这些吉祥寓意的追求是坚定的，这就是这些图形可以代代相传并不断发展的原因。人们之所以这么喜欢中国传统图案，关键在于其背后“意”的支撑，由古至今，人们对美好事物的追求从未终止，因此有着不同吉祥寓意的传统图案同样适用于当代纺织图案设计，同样可以表达现代设计者的意念。在现代设计中运用一些中国传统吉祥图案，不仅使设计显得有着深厚的文化底蕴，也可以使设计在充满了商业气息的现代社会里给人带来一股亲切的民族感。

最重要的是传其神。现代纺织品图案设计最关注的是传统文化的“神”。中国古代极其讲求神韵，神韵是对一幅设计作品本体特征的最好反映。现代纺织品图案设计应保持深厚的民族文化精神，不失其神韵，以传神取胜，则设计作品才会变得更生动、更具内涵和时尚性。传神是一种更高层次的升华，深入体会和领悟传统文化的内在精神，刚柔并蓄，融会贯通，寻找传统与现代的契合点，才能创造出符合新时代的艺术作品，才能找到真正属于我们本民族的纺织品图案设计，同时又能够为现代社会所认同。传神强调的神韵、意境与现代设计追求的美感具有一致性。对传统图案的继承与创新也就是在传统图形的基础上进行的再创造，为其赋予新的内涵，使其显现出新的功能、新的意义，成为具有新的审美或实用价值的形态。不是对其进行照搬照套，而是在深刻理解基础上的合理运用。把传统图案的造型方法与表现形式运用到现代纺织品图案设计中来，以现代的审美观念对传统造型中的一些元素加以改造、创新和运用，使其不丢失传统韵味的前提下又有时代气息。

二、　中国传统图案在家用纺织品设计中的应用创新

要想家用纺织品图案现代设计方法逐渐提高，我们可以对中国传统家用纺织品图案进行创新理解和寻找传统文化艺术，这就要认真理解传统图案的形式美法则在家用纺织品设计中的运用。

（一）　传统图案的形式美法则在家用纺织品设计中的应用创新

中国传统图案的形式美法则与形式美构成法则原理是一脉相通的，家用纺织品图案是由中国传统装饰图案演化而来的，把中国传统图案合理化地应用到家用纺织品图案中，形成一种古今现代化形式美。

1. 变化与统一

图 3-80　“白头富贵”纹样家用纺织品

多样与协调在传统装饰图案中，既存在着统一，又存在着变化，统一和变化相互关联，变化手法强度差异性和多样性，使色泽更加鲜明，视觉效果更好，统一性是色彩、构图和表达方法等各种视觉融合在一起的协调性。家用图案设计大多采用时尚的图案。不能给人耳目一新的感觉。在传统图案纹样中，龙凤是中国人的艺术领域里大家一直喜欢的题材，所以我

们可以采用中国传统装饰图案。龙凤的形态，凝聚着中国人的艺术想象力，历朝各代中的龙凤式样有着丰富的变化。人们一直把它们看成幸福和美丽的象征，是崇拜的对象。在形态上来说它们有着虚实、轻重的对比。在色彩方面，它们也逐步发展成在统一的色调中追求局部色彩的差异性。“白头富贵”的纹样它所反映数量上的多少的对比，在动静态观感上的差异性。变化与统一，多样与协调此类的手法对比，在现代社会中合理的应用，它逐渐发展为家用纺织品图案设计的形式美感，它增添了美意、艺术的特色。

2. **对称与均衡**

图 3-81　宝缦家纺图案设计

在这次创新中，设计图案中各元素的星座、质量、面积等方面是要求平衡相等的，这样才会有不一样的、新的视觉效果。例如：中国传统瑞兽图案就是有对称性的特点，在圆形瓦当上刻画的青龙、白虎、朱雀、玄武四神图，四神图具有均衡式平衡特点，在视觉和心里感受上均衡，形成了美的韵味、美的和谐与魅力，最终在人们心灵生产生了视觉美感，以满足人们审美功能的需要，特别重视结构形式的对称，阴阳相结合，不偏不倚，表现了一种和谐之美的观感。半圆形瓦当也运用的是对称式，它的这种平衡是完全对称、形态一致，在给人的视觉上有一定的美感，它给人一种整齐、平静安定、和谐的感受。对称性结构简单明了，是一种明快的格调，使人达到审美的愉悦，布局按构思的意图，在一定的空间内进行合理编辑、组合。在现代家用纺织品图案设计中，采用中国传统装饰图案的对称和均衡可以达到简明扼要的效果，这两种平衡形式法则已经被广泛的运用，其产生的影响已经出现，给人们以新的震撼。

3. 节奏与韵律

图案的节奏韵律是由调理和反复组成的，若是调理和重复形式表达不同，则图案的节奏韵律就会有所不同。在历朝各代中节奏韵律有厚重威严的商周铜器、流畅飘逸的汉代漆器等，在纹样装饰上达到了极高的艺术成就，总体而言，要想使家用图案更上一层，可以联合中国传统的节奏与韵律，把他们合理应用在图案之中，这样，中国传统装饰图案的节奏和韵律将会为家用图案奠定了一定的基础。

4. 条理与重复

图 3-82 TRADITIONS LINENS 家纺中的传统图案元素

家用纺织品图案的设计可以采用中国传统装饰图案的造型，中国传统的造型是形态设计最基本的要素，其中是以点、线、面等几何形态作为造型元素，呈现出明确、简洁，具有韵律感的抽象形式，色彩中呈现出明暗、浓淡变化等画面现象，是调理和重复在图案上表现出来的特点。反复是相同的传统形象加以重复排列，给人一种美感，经过调理和重复组织，使不统一、不协调的形和色彩逐步融合在一起，达到浑然一体的效果。在整体的布局上来看，要想使视觉整体效果趋于更好，可以使不同的造型排列合理、色彩协调，从而可以从整体上感受美观。

（二） 家用纺织品图案设计对传统图案的传承与创新

家用纺织品图案设计对传统图案的传承、融合与创新是必要的。传承就需要我们对传统图案文化进行深入研究，理解其内在的寓意，不断提高设计者的内在修养，使传统图案文化的寓意在纺织品图案设计中自然地流露，将传统图案真正融入到现代纺织图案的设计之中。为传统文化注入新的元素，把握住传统的神韵与意念，使传统图案与现代纺织品图案设计完美结合，这是我国现代纺织品图案设计的需要和出路。

在设计国际化的时代里，家用纺织品产业在很长的一段时间内，依靠的是外来技术，出现图案的设计西式化。在出口转内销的市场经济模式下，西式的图案已不再满足本土消费者的需求，如何实现民族涵养和展示中国风采是任何一个设计领域需要考虑的问题。设计师应该对本土文化和装饰元素的深刻理解为基础，结合现代技术及设计方法，主动吸收西方的美学思想，并借鉴多方艺术的表现手法，激发“回归本土”设计理念，对传统文化进行深度挖掘和发扬，更好的做到传承与创新。通过家纺产品的中国化设计起到对中国传统文化的继承和发扬，同时给家用纺织品产业注入一股新的活力，真正实现中国家用纺织品产业立足民族，走向世界的目标。

第四章　家用纺织品在室内环境中的协调与创新

第一节　室内环境中家用纺织品创意设计

一、　灵感与创意

（一）　灵感的来源与内涵

图 4-1 树枝柱床　　　图 4-2　创意沙发

创意来自灵感，灵感创造出来的意象被大家称之为创意，灵感是从内向外的一个过程，内部的富足是重要的，灵感的乍现和创意的出现需要人这个主体把所看所学所知进行再组合调整，迸发出新的理念。

家用纺织品设计的最本质的灵感均来自于生活，创意是为了让人们的室内生活环境更加美丽、协调，让人们享受这些纺织品组合设计的魅力，展现内心对生活更高层次的向往。图 4-1 是将一些实物化的创意通过布艺产品的特点呈现出来，其中带柱状的床不少，但是将此设计演化成树枝状，并且还有一个非常逼真的鸟窝，突出了一种自然的生命繁衍：图 4-2 为创意沙发造型，具有创意的手法将床、休闲椅、沙发等多种功能合二为一，时尚且实用。

在家用纺织品设计当中，设计师进行艺术设计市场的解析时，要从多个视角来进行，高质量的设计和灵感都能成为自身设计的源泉，从而全方面地进行借鉴和吸收。只有如此我国家用纺织品才会形成自己的一套流行趋势。自然界是灵感的最庞大的初始地，动植物的机理或造型都有可能在设计师的手中诞生出一系列有创意有设计的感觉的产品。

图 4-3 丛林创意沙发

设计师从头脑产生顿悟到创意实现，体现了设计过程相对自我产生的方式及特点。图 4-4 从彩虹到图画再到彩虹主题床品设计。

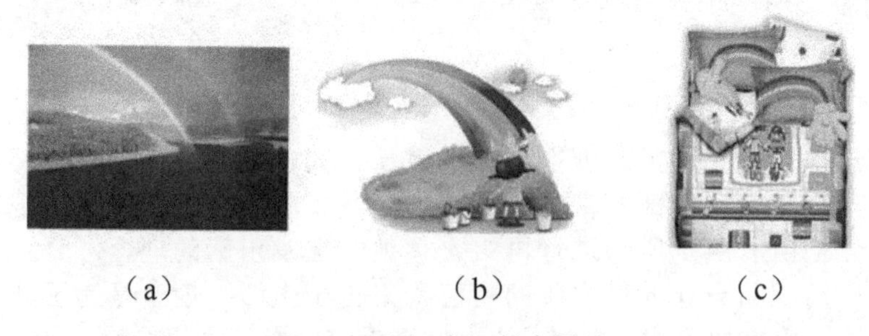

（a）　　（b）　　（c）

图 4-4 彩虹床品创意设计

（二）　创意的来源与内涵

“创意”从字面上理解是“创造意象之意”，在英语中表示为“Creative”，译为创造、创建、造成之意。在家纺艺术设计中，创意的内涵就是家纺设计与家纺制作之间的一种艺术构思活动，在获得一部分家纺设计灵感后，运用艺术的手段，对纺织品材料进行创造性的组合，这个意向的塑造的过程就是我们通常所说的创意。随着我国经济持续高速增长、家纺市场的竞争日益扩张，单一的实用性已经无法满足消费者的需求，对于高层次高品位的生活质量，家纺艺术设计承担了家居生活创意的绝对大部分。纺织品在人们的生活中是最易更换、替代的，主题性可以随着季节、室内装修主题，甚至人们主观的心情来变幻，注重家纺艺术设计创意，提升家纺创意的内涵是每个家纺艺术设计师必修的功课。

创意对于任何一种设计而言，看似是一个很具有偶然性，很具有激情的工作，但是熟悉创意的来源后，会加快创意的脚步，提升家纺艺术设计的创意度。家纺艺术设计的创意和时尚是紧紧联系在一起的，时尚是一种轮回，通过对曾经的创意进行概念嫁接，增添新创意设计的活力，不失为一种创意来源的好方法。从主观的设计中需求创意转化替代的来源，也可以从相异的行业、品牌中寻求好的创意。图 4-5 是以鹅卵石激发的创意灵感纺织品设计。图 4-6 是以圣诞节为题材的家居纺织品创意设计。

图 4-5　鹅卵石抱枕

图 4-6　圣诞主题盥洗室纺织品

家用纺织品创意设计的原则要注重设计的独创性，独创性是要求设计者追求家纺艺术设计的独树一帜，这样能够塑造一种新奇感，从而引起大家的注目。这种独创性的魅力还能够从根本上让大家产生兴趣，令受众印象深刻。现如今，家纺产品琳琅满目，不同的家纺品牌，不同的区域专卖店，甚至专卖柜，都在力求从各类商品中突出自我，让消费者的目光长久注视自己，所以独创性的原则是能让家纺产品不能过于“市场化”，不能因循守旧、墨守成规，而要勇于独辟设计的蹊径，从而最大强度地达到突破消费者心理的效果。

家用纺织品创意设计独创性是首要原则，但独创性不是设计的最终目的，家用纺织品创意设计的实用性原则也是必不可少的。家用纺织品创意设计独创的目的是为了吸引消费者的关注，达到促进消费者走进品牌和产品本身，那么实用性的原则就是使得家纺产品在被消费者心理基本认可后，再次得到消费者的真正信赖。家用纺织品创意设计的产品最终是要被生活和消费者所检验的，在其具有适度的新颖性和独创性后，实用性可以延长消费者对一个品牌独创性的关注和信赖，从而达到再次消费的目的。图 4-7 是家用纺织品产品设计中运用联想手法将独创性与实用性相结合的例子。

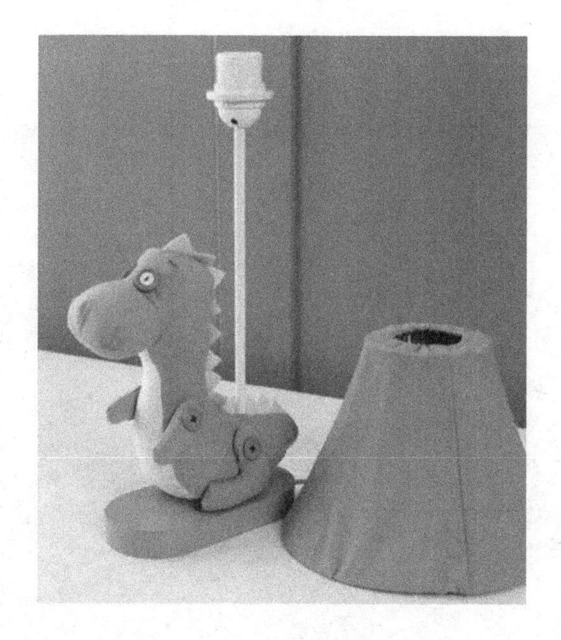

图 4-7 布艺台灯创意设计

二、 时尚与传统

时尚是一种社会文化审美的意识形态，任何一种风格，一种艺术形式都可能不断发展成为时尚的主流文化，家纺艺术设计的时尚有着自己独特的意味和特征。家纺艺术设计涵盖了与空间、时间在内的一些特定因素，受到限制的因素也很多，因此时尚的形态，要比服装来得广泛和长远一些。家纺艺术设计的每一种风格样式总是要维持一段相对稳定的时期，社会公众对于家纺艺术的时尚有着较强的从众心理，一般社会流行什么，自己就买什么，所以家纺艺术设计的时尚概念要重在引导。

1. 本土的时尚

恩格斯曾说过："越是民族的，就越是世界的。"时尚的诞生不能撇开本土的特色，现代民间扎染、民间蜡染、蓝印花布、剪纸、泥塑、编结和少数民族手工织成的褐布都已经是外国人眼里的时尚，那作为中国本土的设计师更要多加利用。敦煌古典形态的藻井图案与泼墨的手法不断地重复出现，将现代与古典的韵味在视觉上进行交叉反复，突出了一种非常强烈的创意设计感，打破了古典花样的沉闷，也将现代的设计带出具有文化气息的敦煌文化。

图 4-8 来源于敦煌画壁题材的家纺设计

2. 异域的时尚

家纺艺术设计的时尚不单单停留在中国、东方，对于西方的时尚，我们在汲取养分的时候，要注意不同国家对于家纺艺术产品的喜好和特性。德国、英国、法国、意大利，再如印度、韩国等国家都具有自己独特的设计语言。

图 4-9 印度风格家纺

3. 经典的时尚

具有经典意义的时尚物品设计也是家纺艺术设计师必修的一门重要课程，经典的巴宝莉格子、香奈儿菱形纹样的小包、爱马仕的款款经典纹样的丝巾、路易斯威登的经典棋盘格纹样等都在不朽的历史长河中愈演愈烈，成为永恒的时尚。至今，传统和时尚已经无法剥离开，又回到恩格斯曾说过："越是民族的，就越是世界的"。这句话更好地体现了两者的辩证关系，追求时尚的先锋性，也不能忘却传统的韵味，如果设计师能有机地结合好，那么任何传统的东西都能时尚化，时尚的设计也能成为历史的经典。

图 4-10 来源于经典巴宝莉格子家纺创意设计

三、 家用纺织品创意设计

从某种意义上说，每个人都是天生的设计师，计划着自己的生活，设计着自己的未来，安排着自己的社交活动——吃、穿、住、行。家纺艺术设计无疑担当了我们"住"的直接感受，有选择有计划地设计纺织品来安排我们现有的生活，让一切井然有序并且富有艺术的气质。当我们从想象中提出设计思路，组织图形图像语言时，清晰准确地表达我们的设计意图，让家纺设计作品呈现出美感，形成视觉冲击力，体现生活的情绪化，并且在表达中将家纺产品设计与室内装修风格、室内家具、陈设物融为一体，充分体现出"大家居"的整体设计理念，是一名优秀的家纺设计师应具备的综合素质。

设计与表达如同人的大脑和手，密不可分，设计方案都是由大脑的想法通过手来表达。一种设计由头脑想象通过语言表达出的设计方案；另一种是通过大脑指挥由手运用不同的表现手法形成文字和设计方案。设计师接到设计任务时，首先是市场调研，在获得第一手信息后，围绕着设计主题、风格定位、图形创意、色彩运用、面料搭配、款式造型、设计整合等方面表达体现设计师的设计意图，从而达到产品设计的最佳效果。

（一） 风格定位

设计一套兼具形式与内容美感的家纺产品，首先要突出自身的设计语言特点，在起始阶段，家纺产品的风格定位就好比是设计的导航，是一个方向性的指引，这样一个风格的框架里进行相应的设计与创新，会让最后的产品更加统一协调，突出一个整体性同时风格定位的重要性也体现在设计师本身对于即将设计的家纺产品的一个目标定位，即通常意义的市场定位，这样设计出来的家纺产品在有艺术的美感同时，也能把握市场的不同风格喜好。

图 4-11 独特风格的家纺设计

（二） 图形创意

家用纺织品图案创意设计是在考量一个设计师对于图案造型的积累，对于图案有了很多的细分，对于每种类型的图案造型都需要了解、熟悉，才能更好地组合搭配。从基础的具象图案来分，包含花朵图案、折枝花图案、簇花图案、树形图案、果实图案、叶子图案、花鸟鱼虫图案等；抽象的图形是很多设计师乐此不疲的设计源泉，包含格子、条纹、点纹、肌理图案等；传统的图案更加不胜枚举，中国传统的吉祥图案、国外的卷草纹、佩兹利纹样、莫里斯图案、朱伊图案等；同时图形的创意也来自现代流行图案的组合设计，比如剪影图形、动物皮毛图案、文字图案、照相写实图案等；从一些传统的工艺手段得到的图案灵感，也能再次丰富设计主题，如手工印染、扎染、蜡染等图案。

图 4-12　云南织染布艺图案设计

（三）　色彩运用

对于大多数人来说，“流行色”是一个时尚的名词。对于设计师来说，流行色则是在新一季设计中重点考虑的色彩范畴。流行色不是固定不变的，常在一定期间演变，这些也受不同国家、地区和民族文化的影响。谈及流行色一般都会和服装设计联系在一起，时尚大国的 T 台秀上，每年都会提前发布下一季的流行色趋势，从米兰到纽约，从东京到巴黎，延续至今。家纺行业的发展也体现在对于资源整合越来越规范，每年中国纺织产品开发中心、中国流行色协会会发布相应的流行色。

（四）　面料搭配

1. 选择面料的搭配

材质是家纺产品设计款式当中最为重要的素材。家用纺织品当中材质不同，就能够带来产品不同的特征和风格。不同的风格都拥有能反映自己特质的面料，这也是纺织品设计中重要的一部分。好比一件设计精良的衣服效果图，如果没有完美相符合的面料也可能是件不成功的作品，家纺产品的面料主要采用磨毛面料、贡缎面料、提花面料、丝棉提花面料、贡缎印花面料等，风格的定位、佳作的设计再搭配适合的面料，让家纺产品呈现相得益彰的感觉，从简单的纯棉面料到功能性面料，不断地创新，是品牌、产品的灵魂。

2. 整体设计的搭配

家纺艺术设计之所以需要进行风格定位的分析，是因为这不但可以让设计显得较为明朗，同时也能帮助设计师针对市场需求设计有型的有卖点的产品，家纺产品终端是消费者，一切是以人为本的。具体而言，一个风格下的家纺艺术设计拥有了色彩花型等主题后，搭配相应的面料，最后的成品的市场价格、文化价值是需要消费者考量的。如受年轻人喜欢的几何风格，多采用市场多用的斜纹 14.58tex（40 英支）的纯棉面料，色彩鲜艳、花色繁多、不易起球，不易掉色，有一定的价格优势，自然适合年轻人消费的特性。再如装饰风格中喜好用到的提花面料，此面料本身对原料棉要求很高，织造时有特定的工艺要求，纱支精细，原料成本的大大提高，消费群的收入水平也相应提高，这样的风格设计就基本以消费能力较强的中年人为主。

对于面料和风格的搭配也考量了设计师对市场的分析把握。比如采用斜纹组织的面料，和印花工艺彰显民族的色彩，对比强烈。中国味道的色彩之多，素材取之不尽。56 个民族，就有 56 种文化，在这文化引导下，中国红、琉璃黄等，吉祥、喜庆、欢快、幸福、美好的色彩是设计重点。然而这些对比浓烈的色彩却往往给人朴实的意味、艳而不俗。色彩设计上利用构成的法则，提取某色彩打散后进行重构，既有原本的风貌，也能产生大相径庭的效果，散发“本土”的特色。

在室内设计当中对风格最大的要求就是具有整体性，因此家用纺织品的风格要与室内的装修、家具陈设以及电器等一切物品都形成同意一整风格，从而塑造出整体性。例如装饰风格的设计从面料的选择上大都选用高档提花面料、丝绵交织、贡缎面料、丝绸面料，但凡高档的面料都适合装饰风格。体现奢华、高雅的感觉，色彩多为调和的高级灰，青金色、酱紫色、宫廷味的金色，仿佛豪华宫殿的内饰，金碧辉煌，豪华富贵。如今的家纺产品设计的装饰风格也不再一味追求过分的奢华，开始追求低调的色彩，体现传统的内涵，散发高档的意向。整体设计的搭配可以丰富美化产品，提升文化内涵，也帮助提高艺术审美。

（五）款式造型

在家用纺织品创意设计中，款式造型主要表现在以下几个方面：

（1）床品款式。床品款式根据垫被分为床单款、床裙款、床笠款、盖被款等。床品的款式按照套件的数量来分：大致可分为四件套、六件套和多件套。一般来讲，现在所说的四件套，（即两个枕套、一个床笠／床单／床裙、一个被套）较受一般家庭欢迎。六件套在四件套的基础上增加两个方靠垫。而我们所说的多件套在六件套的基础上增加护单、床旗以及许多工艺抱枕。根据季节的不同，家居装修风格的不同，选择不同的床品款式。例如：夏天适合用床笠、床单款，冬天可以用床裙款、盖被款。简约装修一般以床单款为主，其特点是简单、通用、方便。比较可爱的女性风格的装修比较适合床裙款。后现代主义，简约干练的装修适合床笠款。欧式风格适合选盖被款，显得富贵、大气、庄重。

（2）窗帘款式。在窗帘所有的细节设计中，帘头的领袖地位无法撼动。它的造型直接决定了窗帘的风格，或繁复华丽、或简约理性、或感性浪漫、或知性优雅，花边、束带的设计都会受到它的影响，追求与之相配的效果。所以，想拥有一款称心如意的窗帘，选择帘头样式是最重要的工作之一。

（3）餐桌布款式。根据装修风格的不同，餐桌布大致可以分为桌布、桌旗两大类。

第二节　家用纺织品与室内环境的协调

在现代室内环境装饰中，家用纺织品具有特殊的语言与魅力，对室内的气氛、格调、意境等都能起到很大的作用。它是赋予室内空间生机与精神价值的重要元素，与室内环境整体设计是一种相辅相成的关系，对室内环境设计的成功与否有着重要的意义。因而在室内环境中，家用纺织品要与室内整体设计相协调，共同营造出美好的室内空间。

一、家用纺织品图案与室内环境的协调

现代人随着审美意识与审美能力的逐步提高，对精神丰富与环境质量提出了更高要求，愈发注重室内装饰的个性化、风格化、休闲化与朴素化。

美化室内空间已成为潜在的时尚，设计营造一个好的室内环境是人类对舒适空间的追求也是人们文化品位的精神享受，纺织品成为新的消费热点。在进行家用纺织品设计时，除了要考虑家用纺织品图案与室内环境的关系，还要把握室内环境设计的整体风格，将纺织品的图案纹样、质地、色彩、功能的完美结合，更要对人们的文化品位、年龄、性别、兴趣爱好等方面做全面的调查。不但可以满足现代人开放、多层次的时尚追求，而且室内纺织品运用为室内环境注入了更多的文化内涵，它所具有的纹样、肌理、材质为居住环境增强了意境的美感，丰富了人们的生活体验。

图 4-13 沙发图案与室内环境的谐调

家用纺织品图案的构成应尽量满足不同室内环境对装饰概念的内在需求，能淋漓尽致地表达室内空间的装饰效果。在确定室内环境的纺织品装饰主题后，做到能根据室内环境的特点对家用纺织品图案变化进行设计，通过家用纺织品图案的造型、色彩的强弱、高低的增减感的不同变化，营造出连续、起伏和交错的各种格调的内涵体现变化的整体效果。而且不同形态的室内空间装饰需要不同图案造型的家用纺织品装饰，例如:较大空间则需要用图案面积大且对比强烈的造型，因而相应配套的小花形则能起到丰富空间装饰的层次效果。

二、 家用纺织品色彩与室内色彩的协调

在家用纺织品设计中，人们将色彩、款式、面料视为三要素，在室内环境中，色彩是一个具有相当强烈感觉的要素，占有着重要的地位。著名的包豪斯教员伊顿说过“没有色彩的世界在我们看来就像死的一般。”色

彩自身是没有感情的，但是，一旦色彩与人类生活发生了联系，便成了人们表达感情的工具。一个室内环境使人感到淳朴还是艳丽，除与室内空间的处理，家具、纺织品的款式有关外，还和它们的图案与色彩所构成的大的色彩环境有着密切的联系。色彩是造型的外衣，但也影响着整体效果，与造型是随类赋彩的关系。因而家用纺织品的色彩对室内色彩氛围起着重要的作用，它与室内的家具构成了室内环境的色彩主调。

图 4-14 家用纺织品色彩与室内色彩谐调

另外，不同色调的家用纺织品，需根据不同的室内空间，不同的对象来选用，才能起到理想的效果。家用纺织品色彩的选用，不仅要适应室内空间的使用功能，还要考虑到室内空间形态造成的影响。一个理想的室内环境是综合空间、图案造型、色彩和材料等诸多因素构成的，不论是构成室内空间的各方面以及纺织品等，都不能脱离色彩而存在。室内色彩环境在一定程度上影响着室内环境的氛围，左右着整个室内的总体效果。因此，家用纺织品与室内色彩环境的协调也是至关重要的。

三、　家用纺织品与室内空间的协调

家用纺织品在室内环境中，往往以覆盖的形式出现，作为表层的防护与遮掩。它的质地柔软及手感舒适的特性，容易使人产生亲近与温暖感。家纺纤维基本来源于自然，具有人情味，能够软化室内空间生硬的线条。对室内的空间度和舒适度大大提高，也对人的生理及心理有很大的影响。同时纺织品对室内环境的依附性决定了它除需注重自身完美外，还需与依附主体的形态、功能、需求方式相适应，使其从形式到表现手法都做到与所在环境的整体谐调效果。

纺织品的装饰形式及内在的艺术性，能有效调节钢筋混凝土给人带来的冰冷生硬感，使人们始终保持良好的心境。家居氛围是“气”，是“场”，是“感受”，是“心理暗示”，是“隐喻”，是“意境”，是家的“表情”，是主人的“风格”。在室内环境中，如果合理利用搭配好纺织品，实现拉近人与室内环境距离的目的，用丰富多彩的家用纺织品营造出优美的居住空间，给室内空间增添温馨、柔和的元素和独特的情调。

四、 家用纺织品与室内装饰风格的协调

风格是通过创意、表现手段、材料、技术等统一体现出来的共性，而这种共性是室内环境装饰风格的主题决定的。家用纺织品对构成室内环境、氛围和主题中有着重要的作用，因而，在选择和使用家用纺织品时要注意其风格和表现手法，要适应室内环境装饰风格的主动旋律，使其融入到室内风格的大框架之中。例如:室内环境的装饰风格表现中国传统情调，则在纺织品的选择使用上，需配上传统图案与表现手法等具有民族文化风格的家用纺织品，或是符合中国文化的图形、色系组成的系列产品。因此，在室内环境中选择什么类型的纺织品，采用什么设计手法都需根据室内装饰的主题与风格来决定。

图 4-15 田园风格室内软装饰设计

五、 家用纺织品与室内家具风格的协调

一个没有家具或没有纺织品，只有硬性家具的室内空间，是不能满足现代人生活的需求，作为现代室内空间构成的重要因素和不可缺少部分的纺织品与家具，它们之间有着不可分割的联系。首先许多家具全面的功能体现需依靠纺织品才能完成，而且在有的家具上，纺织品自身就是其产品形态的组成部分。反过来，许多纺织品它的功能，就是附属于家具来配套使用的。例如:沙发、床都是依靠纺织品来配套使用，而寝具等纺织装饰如果离开了其家具，它的功能就形同虚设。

另外，纺织品的柔软可塑性，可使它具有随物体变形的特质。当它作为家具的组成部分时，可随着其家具的轮廓出现不同的姿态。当它起着界定和塑造空间的作用时，其形态和随意式的曲线效果，是其他材料所无法取代和无法比拟。它与家具的软硬结合能创造出意想不到的装饰效果。合理的装饰，在美化家具的同时，也使家具具备了更多内涵和社会价值。因此，在室内环境中，纺织品与家具的风格也要达到和谐统一。

图 4-16 家用纺织品与室内家具的谐调

第三节　家用纺织品在室内环境中的应用与创新

纺织品作为室内装饰用品有着悠久的历史。古时，室内装饰用的纺织品大多为皇宫贵族服务，具体用途为织物天棚、檐口幕帘及室内的各种帐幔、椅搭、床裙、枕套、桌围、灯具等。如今，室内装饰用纺织品越来越多地进入了普通家庭和公共建筑设计，并随着室内装饰业的不断发展和完善，成为当今室内装修工程中不可缺少的材料。在工业化高度发展的 21 世纪，国际室内装饰领域开始追寻自然健康的装饰材料，各类纺织品以其独特的质地、色彩、图案及特有的灵活性被重新寄予了厚望。现在，中国纺织工业已充分具备了生产和制造世界品牌的基础和条件，但中国能否从纺织大国变成纺织强国，关键在于能否提高纺织品的设计创新能力。设计师需要与时俱进，以继承、开放、融汇、创新的理念，把装饰用纺织品深厚的本土文化底蕴与现代都市的时尚文化有机融合，将年轻、时尚的元素融入到纺织品之中，从材质、图案、手法、风格等方面推进设计创新，从而提高现代室内空间环境中纺织品的文化艺术品位。

纺织品作为现代室内空间设计中的重要设计要素，在营造空间氛围、塑造情感空间，满足居住者的功能性需求，平衡建筑、家居环境和人之间的关系等方面具有重要的作用。室内设计中纺织品的选择取决于室内空间的整体艺术风格和空间功能的界定，因此在设计中要围绕设计主题，充分考虑不同的室内功能区对纺织品的需求差异，科学合理的对不同类型纺织品进行组织搭配，实现纺织品与室内空间设计的协调与统一。

在室内空间设计的众多构成要素中，纺织品作为重要的组成部分，以自身独特的功能和装饰效果，在营造空间氛围，调节室内环境的空间感受、塑造情感空间，平衡建筑、家居环境和人之间的关系等方面发挥着不可替代的作用，有效的缓冲人类与现代建筑之间的情感冲突。在实际应用中，由于纺织品可以独立于室内设计的其他组成部分，可以按照使用者的要求随时进行调整更换，能够快速便捷、经济高效的营造出不同风格特点的室内空间效果，因此纺织品已经成为现代室内设计中一项必不可少的装饰素材，越来越多的运用在各种室内空间的设计中。

一、 家用纺织品在室内环境中的作用

1. 分隔、划分和联系空间的作用

纺织品装饰配件是室内空间环境的附属品，可以起到划分室内空间，调整空间布局，营造空间环境的作用，是整个室内设计中不可缺少的有机组合，具有不可替代的作用。在室内空间环境设计中，可以利用纺织品这样的软材料解决空间的扩大与收缩，划分出不同虚拟区域或若干子空间，从而起到引导人流走向，间接区分空间与空间关系的作用。室内设计对帷幔、帘帐、织物屏风的应用，除了发挥划分室内空间的功能外，还可强调室内空间的私密性，使室内空间具有很大的灵活性和可控性，提高空间的利用率和使用质量。

2. 装饰空间的作用

纺织品应用于室内空间时，大部分作为室内装饰品及日用品，如窗帘、台布、桌布、床罩、靠垫等的蒙面材料。由于它在室内所占的面积较大，对室内效果及室内装饰品位影响极大，因此，是一个不可忽视的重要装饰手段。越来越多的设计者喜欢在现代室内环境的墙上装裱一幅织物壁挂，以获得最佳的室内装饰效果。纺织品主要是结合整个室内设计创意，利用纺织品易于加工改造的特性，对纺织品进行许许多多不同款式的设计，通过颜色、肌理和图案上的巧妙设计，使之与室内空间环境完美的糅合在一起，创造更丰富、更具有层次感的室内空间，带给人们舒适的享受。

3. 变化调整作用

房间结构及室内家具等硬件一旦固定，就受到室内建筑结构及硬装饰难改变、不易更换、可塑性小等特点的制约，人们要想对其进行随心所欲地多次更改和完善，就成为相当困难的事情。纺织品作为室内装饰用品，充分展现了纺织品的自然材质和精美图案，其易更换、可塑性强的特点以及丰富的光色效果对室内空间环境可起到变化和调整作用。

二、 家用纺织品与室内环境的配套关系

现代生活对装饰用纺织品的应用提出了新的时代要求，必须对纺织品的设计进行新的探索，重视纺织品与室内空间环境的配套关系，才能充分发挥它在现代室内空间装饰中的巨大作用。现代室内设计的系统环境意识需要整体性的室内纺织装饰品。室内装饰用纺织品的设计，必须考虑到复杂系统中的各个要素、各种层次，强调各要素、层次的重叠、并行以及综合交融的整体性，从而形成有机联系和有序结构。

图 4-17 家用纺织品与室内环境配套设计

概括地讲，就是从纺织品的独立设计扩展到与室内环境的整体协调配套设计。室内装饰用纺织品形态不同、功用不同，设计者一般可以通过花型配套来统一风格，如被套、枕套、窗帘、台布、靠垫等物品上的大花型，可以起到相互呼应、相互协调的作用；而在小面积用品上运用小花型点缀，则可增添室内的活跃气氛。对于不同的纺织品，可以运用同一花型的大小、深浅、粗细、形态、构图的不同，实现变化中的协调统一。特别是，不仅要使纺织品本身系统化，更要使之与环境形成有序的整体化。纺织品作为室内装饰品不再是二维平面的花样设计，而是三维空间环境艺术的一部分，它不仅占有实在的空间并参与体块组合造型，而且还依附于形体，形体占据着空间，空间又影响着整体，成为统一的整体构成了环境。

三、　家用纺织品在室内环境中的应用

对于现代建筑室内空间环境的整体构成设计来说而言，家具、纺织品、装饰物、电器是现代室内设计中的基本组成要素及常规设计范式。而在这些构成要素中，纺织品具有装饰面积大、视觉效果强的特点，成为室内设计中常用的装饰手段之一。

（一）　家用纺织品在室内环境中的应用现状

随着经济的发展和人们居住观念的改变，人们对室内空间环境的要求也在不断提高，从早期侧重于追求纺织品的实用功能，逐渐演变到追求装饰审美和对情感空间的营造。近年来，我国纺织品在室内空间设计上的应用也取得了长足的进展，由二十世纪末期在室内设计中多把基础装修与后期的纺织品购置相脱离的状态，到现在的整体化设计，充分的考虑了纺织品与其他设计元素的统一和协调，并日益重视人们对居住环境的环保、时尚要求，在室内环境的营造中真正做到以人为本、实现建筑与人之间的有机统一。

目前运用在室内设计中的纺织品主要是指家用纺织品，也被称为装饰用纺织品，主要应用于家庭和公共场所的室内空间中。在现代室内设计理念中，主要是通过借助纺织品的装饰性和功能性对室内空间环境进行设计。具体来说，是以纺织品自身的色彩、图案、形状，通过设计创意，结合室内空间的设计目的进行有针对性的组合搭配，在满足居住着的功能性需求的同时，起到对在室内空间的装饰美化作用。此外，通过利用纺织品保暖、遮光、遮风、隔音降噪、抗静电、阻燃等性能，在公共和室内空间中发挥其对人体的保护作用，有效改良室内空间环境，使其更适合人类的居住，确保人们生理和心理的健康，实现建筑、家居环境与人的需求之间的协调统一。

（二）　家用纺织品在住宅室内空间中的应用

住宅空间是人们日常生活居住的主要空间，也是纺织品在空间设计中应用的重点，在该类空间中，主要通过利用纺织品的功能特性，来满足居住者对居住环境的要求。下面就纺织品在住宅客厅、卧室、餐厅空间设计中的具体运用原则进行分析：

1. 家用纺织品在客厅中的应用

在客厅中家用纺织品的使用，主要是围绕客厅的设计风格和不同类型纺织品的功能来进行组合搭配，通过不同种类纺织品的有机组合，满足居住者对客厅整体环境的要求。在设计实践中首先要考虑纺织品自身色彩、图案、质感与客厅设计风格的统一，其次从功能性上考虑其对居住环境的改善。具体来说，可以通过使用布艺窗帘来达到分割空间、遮挡光线、调节室内温度等作用，来营造生活空间的舒适性、安全性、私密性；通过家具蒙罩织物、来美化和保护家具，提高家具的舒适性；利用靠垫、坐垫等纺织品的色彩来营造情感空间，增添室内的色彩美，让室内环境更加温暖舒适。

2. 家用纺织品在餐厅中的应用

图 4-18 家用纺织品在餐厅中的应用

餐厅作为家庭日常就餐和宴请宾客的重要活动空间，着重强调就餐环境氛围的营造，随着人们居住观念的改变，餐厅逐渐成为富有生活乐趣的家居休闲空间，对餐厅的装饰性和审美性要求也越来越高，家用餐厅不仅要满足使用者的功能性需求，同时还要满足使用者的精神需求。因此在为餐厅选择纺织品装饰时，必须围绕餐饮空间的整体设计风格来选择纺织品，织物的色彩要符合餐厅的功能定位和使用者的情感需求，才能营造出轻松、温馨的就餐环境，进而激起食欲。此外在非独立餐厅中使用的纺织品要充分考虑其保洁功能，可以利用桌椅套、地垫等易于清洗的纺织品来保持就餐环境的整洁卫生。

3. 家用纺织品在卧室中的应用

卧室作为主要的休息空间，其舒适性、私密性、安全性是选择家用纺织品的重要考虑因素。要营造良好的休息环境，除了整体的室内环境设计外，可以借助纺织品的隔音、遮光特性来更好的满足居住者的需求。例如，卧室的光线调节可以用窗帘和不同色彩的床上用品来实现；在隔音上可从地毯、软包材料、织物墙纸等纺织品入手；在舒适性上可以通过床上用品色彩、材质的合理搭配来实现。

（三） 家用纺织品在公共室内空间中的应用

公共室内空间是指一定区域内开放的公共活动空间，这类空间主要包括餐饮、宾馆、办公空间等，对这类空间环境的设计要根据其功能特点，结合整体的设计风格来选择搭配纺织品，以实现特定的设计目的。下面以餐饮空间、酒店客房空间为例来分析纺织品在公共室内环境中的应用原则。

1. 家用纺织品在公共餐饮空间中的应用

公共餐饮空间多是以商业经营为目的的，主要包括餐厅、酒吧、茶馆等，其商业性决定了此类空间必须通过特定的设计风格来达到吸引消费者的目的。纺织品在公共餐饮空间的营造中不仅具有美化空间、调节情感、营造氛围的作用，同时还有成本低、便于更换等优势，可以在不影响营业时间的前提下迅速对餐饮空间进行再设计，快速转换设计风格，更好的满足不同消费者的需求，因此采用纺织品作为主要的装饰手段，打造别具特色的就餐环境成为了众多餐饮经营者的常用手段。在纺织品的选择上还要注意，公共餐饮空间因面对的人群不是单一性的，从审美的角度来说，纺织品的选择上要比家用纺织品的要求更高，既要注重实用功能，还要发挥其装饰功能，即通过纺织品本身的形态、色彩、图案等这些“实体”来衬托环境氛围，强化餐饮空间主题，激起人们的饮食欲望，营造出情感色彩更为丰富的就餐环境。

2. 家用纺织品在宾馆客房中的应用

宾馆作为为客人提供休息、住宿、餐饮的服务性场所，高质量的硬件设施和温馨舒适的情感体验是吸引客人入住的重要因素，其中用来满足客人休息的客房，更是要从风格、功能、人性化这三方面满足客人的需求。

图 4-19 家用纺织品在宾馆客房中的应用

家用纺织品作为客房设计中重要的组成部分，可以有效满足客房的功能性要求和客人的审美、情感需求，因此在宾馆客房的设计中经常把纺织品作为重要的素材，用不同类型、风格的纺织品进行合理的设计组合来打造出良好的休息环境。在宾馆客房中使用的纺织品种类以挂帷遮饰类纺织品、墙面贴饰类纺织品、地面铺设类纺织、床上用品类纺织品为主，它们的选择要立足于客房的设计定位，在追求特定的风格特色的同时，要充分考虑其经济性、舒适性，把是否能够满足客人对客房舒适、安全、卫生等要求作为选择纺织品的首要条件，尽可能的选用绿色、环保的纺织品材料。

家用纺织品作为集实用功能与装饰功能于一体的室内设计要素，无论是在满足人对居住空间的功能需求方面，还是作为情感表达和个性追求的载体方面，都具有不可替代的作用，它的使用缓和了人和冰冷的建筑空间的情感冲突，营造出舒适宜人的室内空间环境。在室内空间设计中纺织品的选择必须要结合室内空间环境进行考虑，充分利用不同类型纺织品的功能特性进行科学选择，更好的把纺织品装饰与室内空间环境完美的结合，营造出一个富有人性、个性、文化内涵的室内空间环境。

在室内环境中，家用纺织品既具有实用性，又具有装饰性，而且其装饰性还非常显著，装饰性即满足人们的视觉效应。家用纺织品各单体的丰富多彩的织纹、色彩、图案及相互配套设计对室内的环境起装饰作用，其次各个单体还需具有一定的实用性，即使用性和舒适性。与服装用纺织品趋势相同，家用纺织品在实用性和美观性之间的差别也越来越小。纵观国内外市场，随着进入21世纪人们生活水平的不断提高，消费者对家用纺织品求新、求美、求实用、求舒适的要求越来越高，顺应发展的趋势，是家用纺织品创新设计的灵魂。

四、家用纺织品在室内环境中的创新设计

（一）家用纺织品的实用性设计

家用纺织品种类很多，主要品种一类是软家具用装饰织物，是指用以包覆装有软垫层的家具和垫子以及供制作家具套子用的织物，它通常包括席梦思床垫、床头靠背、沙发、座椅、靠垫等的外包覆面料，它们的装饰性极强，在使用时不易洗涤，还经常受到人体、弹簧、弹性填充物等的挤压，也有可能与人体直接或间接接触，因此这类织物应该有坚固耐用、耐污、防霉、防螨、防蛀、阻燃、卫生舒适的功能。第二类是窗帘用织物，能调节室内温度和光线，有隔音和遮挡视线的作用，给室内留下柔和的光线或形成休息的私密空间，这类织物应具有轻薄透光或厚密的功能和耐污、阻燃、色牢度好的性能。第三类是床上用品，包括床单、床罩、被套、枕套等，这类织物与人体直接接触，首先必须具有良好的使用性能，不应对人体皮肤造成不良的影响，另外还必须具有耐洗、色牢度好的功能。

（二）家用纺织品的视觉效应设计

家用纺织品的视觉效应是相当明显的纺织品的，柔软舒适不仅有着其他材料难以取代的地位，而且它的丰富多彩的织物肌理、图案、色彩对室内的装饰环境有着强烈的视觉效应。因此，在室内家用纺织品创新设计时，除单体的功能设计外，单体的视觉效应与室内整体的视觉效应配套设计，是

家用纺织品创新设计成功的关键。

1. 单体视觉效应设计

材质的视觉效应设计。家用纺织品使用不同的材质会体现出不同的视觉效应。使用的材质有纯棉、麻、真丝等天然纤维及涤纶、粘胶、丙纶等化学纤维。天然纤维材质的面料呈现纯朴自然、质地柔软、悬垂性好的视觉效应，化学纤维的材质的面料则体现出质地挺括、色泽鲜艳的视觉效应。化学长丝在家用纺织品中也得到广泛的应用，尤其是异形长丝，其闪光性在各类提花类织物中会体现出特殊的光泽视觉效应。

组织的视觉效应设计。在组织设计时，通常机织组织的采用多于针织组织，这是由于机织物的装饰效果高于针织物， 而且织物形态稳定性好，质地紧密，具有优美的悬垂性和自然的外观。小花纹类的面料多选择简单组织，如平纹、斜纹、缎纹的变化组织和联合组织，装饰性的体现主要在后道工序的染色与印花。这类组织简单，经纬浮长比较短，布面比较细腻，可与花部形成较大的对比，使花纹更加突出。

纹理的视觉效应设计。较大花型的图案是靠织物组织与经纬浮长线的配合体现出来的。图案的表现形式一种是经典的或传统的图案，还有一种是休闲题材的图案，如动植物、风景、静物、卡通、抽象几何条块等图案。素色织物则完全依靠织物组织中经纬浮长线的变化来显示花纹的层次效果，其组织多采用复杂组织。在实践中，常使用经二重、纬二重、双层组织等，它主要根据花型对比、层次表现的需要进行选择。双层组织若配以收缩纱线或后整理化学处理，在织物表面会呈现富有立体感的凹凸起绉的花纹效果。在提花类织物中经纬浮长线上，再配以光泽性极强的异形纤维，则会产生绝佳的视觉效应。

色彩的视觉效应设计。家用纺织品的色彩能给人产生强烈的视觉效应，在室内环境的装饰、协调和宣染上起着举足重轻的作用。单体色彩的设计，首先应根据各单体纺织品的用途及使用的环境，结合色彩的流行色公布，使色彩能紧跟流行的趋势。

2. 整体视觉效应设计

家用纺织品的整体视觉效应的美感是通过整体构思、整体设计来实现的，在这个整体中每个单体都应该在整体效果的要求下，充分发挥各自的功能、各自的单体视觉效应的优势，共创一个材质、组织、纹理、色彩高度和谐统一的整体。

客厅的整体视觉效应设计。客厅是接待客人、家人闲聚的场所，窗帘面料在花色与厚度的选择上，应考虑其明度与亮度的协调性，宜选择透光性强的薄布料为好，营造出一种庄重简洁、大方明亮的视觉效果，颜色的饱和度不宜太大，花色以素雅格调较容易与空间、家具统一，如将沙发、靠垫、地垫，与窗帘和谐搭配成系列化设计，更可使客厅看起来既清爽又舒适。

卧室的整体视觉效应设计。卧室是一个典型的私人空间，是温馨和浪漫的场所，其空间强调遮光性与隐密性，窗帘设计时宜采用厚实遮光的布料，与床上用品统一考虑，可增加协调、温馨的效果。颜色设计可采用较柔和的色系，悬垂性强且柔软飘逸，能营造出一个浪漫无边的卧室氛围。

儿童房的整体视觉效应设计。应符合儿童的活泼心理，窗帘设计宜选用颜色鲜明、对比强烈的色彩，以产生活泼、跳跃、生动的效果，与其它软家具装饰纺织品成套设计，是既省钱、又最保险的搭配方法。

图 4-20　家用纺织品在儿童房整体视觉效应设计

卫生间和厨房，由于其特殊的使用功能，一般多选择能防油渍、防潮、易清洗的布料，风格应力求简单、流畅。

（三） 家用纺织品的触觉效应设计

触觉效应是指纺织品与人的肌肤接触后所产生的心理感觉。触觉效应设计首先应根据家用纺织品的功能特性和使用特性。天然纤维类织物能产生柔软、舒适的触觉效应，因此在设计与肌肤有直接接触的家用纺织品中较多地应用天然纤维类织物，化学纤维的舒适性不如天然纤维，其触觉是比较挺括，坚牢耐用，适宜应用于耐用性要求较高的家用纺织品。

图 4-21 天然纤维类家用纺织品

（四） 家用纺织品的后整理加工

家用纺织品的后整理加工是一项揉合了多学科、多专业的综合技术，其水平的高低反映了织物品发展的程度。通过后整理加工，一方面可更加充分体现织物本身的特性，另一方面可使织物增加某些原本不具备的性能，再者还可以产生与原织物迥然不同的外观纹理风格。家用纺织品的用途不同，其使用性能要求也是各不相同，如沙发座椅类装饰布必须有耐灰尘沾污性及拒污性，还应有极好的抗磨损能力，窗帘类织物除应用拒污性外，还必须有耐水洗或干洗性，而且经多次清洗无损于其性能，布类装饰布必须具用特殊的耐沾污性，还要求它能稳定支持表面液滴和水珠等，还应耐多次重复水洗、长期保持这种性能，采用有机氟防擦伤整理剂，能满足家用纺织品中这类织物的要求。对于窗帘等悬垂类织物除了具有较好的耐灰尘沾污性及拒污性外，还需具用较好的悬垂性，如果材质是化学纤维的面料，在后整理加工时，采取减量整理，可提高面料的悬垂性。

第四节　家用纺织品及配套设计中数字化技术应用与创新

据相关数据统计，2014年我国纺织品品累计出口额达2984亿美元，我国是一个纺织大国，各种纺织产品在人们的日常生活中有着巨大的需求量。在整个社会大环境的制约下，在人们对室内纺织品品质需求的提升下，运用数字化图像技术，即：计算机辅助设计，可以让设计者在完成图案设计的同时可以预先得出织物图案的外观模拟效应，以避免大量的产品试织工作。可以缩短设计周期，减少技术人员，开发设计的成本得以降低，进一步提高企业的竞争能力。利用计算机辅助设计进行绘图和工艺处理，使纺织品色彩和图案设计从原来的手工操作方式解放出来，实现设计的数字化，达到艺术与技术的完美结合。

一、　家用纺织品及其配套设计中应用数字技术的发展

在所有艺术设计的领域中，数字技术的应用价值已被设计师们所认识和接受，已开始认真思索、研究和实践数字技术所展现的光明前景及所蕴含的巨大技术潜力。比如在装潢设计、服装设计、环境艺术设计、工业设计等领域，应用数字技术来提升设计创作的方式和过程，可以实现方式和过程的简洁、高速、高效率化，并在设计思维和创作灵感上确立全新的设计观念，扩展了视野，培养了敏捷的创作、策划意识。数字技术灵活的选择性、缜密的逻辑性和高速的效率，代替了传统工艺中的体力劳动和部分脑力劳动，为设计师的艺术设计和创作智能潜力的开发提供了自由驰骋的广阔空间。

计算机是用来对设计师的创作思维进行辅助性设计操作的工具，计算

机设计软件功能强大，蕴含了无限的创意空间，但却需要在设计师创作灵感的激发下才能被淋漓精致的充分体现出来，因此设计师仅仅是依托数字技术的计算机软件的熟练程度是远远不够的，设计师必须要先在提高自身创意能力和表达手段的前提下，才能借助数字技术计算机软件的强大图像处理功能来完成事先设定的设计创作任务和提高设计工作效率，从而使事半功倍。

20世纪70年代末期，有关纺织品方面的计算机辅助设计开始研究，由美国IBM公司首先研制的纹织工艺自动化系统获得了成功，通过使用这个系统使织物生产过程中的图案设计从原有的手工方式设计、画图，改变为采用交互式的屏幕作图，实现了工艺自动化，使得纺织行业中数字技术设计的应用变为现实。数字技术历经几十年的发展，纺织品CAD系统已经渐趋成熟。作为现代化高科技设计工具的纺织品CAD，因其简单、易懂的操作性能和对纺织产品市场的快速反应能力而被纺织、服装、印染等相关企业普遍投入生产使用。此时生产厂家已经开始认识到数字CAD的价值，并且逐渐的利用数字CAD技术来取代了原有的传统设计手段，这一做法不仅在生产效率方面得到了提高，而且设计流程的复杂程度也相对减少了。普遍应用数字CAD系统为纺织产品及其配套产品的种类繁多、批量生产以及为及时调整适应市场需求的产品类型创造了有利的条件。

当前在我国传统纺织品工艺生产中已经广泛应用世界上先进的CAD技术，转移印花、电脑分色、等先进技术，使得我国家用纺织产品呈现多元化、多样化。与此同时正在飞速发展的数字技术，也为我国在纺织印染技术的提升上创造了良好条件，为更高水平的发展打下坚实的基础。运用数字技术的家用纺织品图案设计，是取代过去的纯手工制作，利用数字化手段运用相关专业设计软件将经过计算机制作、处理的各种数字图案，通过扫描将数字图案设计输入到计算机，然后通过计算机数字技术软件对其进行必要编辑处理，再使用计算机控制把专用染液直接喷射在织物上，形成所需要的图案。在家用纺织品及其配套设计中，数字化技术为家用纺织品图案设计在设计创意和传播上实现了突破性的提高，可以达到设计师达不到的设计效果和设计效率，从而产生了新的艺术形式——数字风格图案，这样更丰富了艺术表现手法，尤其适应现在人们追求个性化的时代，使我国家用纺织品在图案艺术设计上发生了重大的变革。

二、　数字技术与家用纺织品及其配套设计

（一）　数字技术中家用纺织品及其配套设计的特点

21世纪初在我国出现了一个新有名词——家用纺织品，在此之前我国的家用纺织品及其配套设计是作为印染布或者织布类产品的设计方式进行设计，并没有形成一种独立的专业化设计方式。家用纺织品设计作为艺术设计的分支，它主要是将富有创造性的纺织品设计应用于室内空间环境，因此家用纺织品及其配套设计的设计思路、设计理念、设计方法及评价标准等与普通服饰类或产业用纺织品的设计有所不同。下面我们来分析研究家用纺织品及其配套设计的特点。

1. 设计与技术的相结合

家用纺织品及其配套设计是一种拥有与其他设计在使用功能上不同的艺术创作作品，它是艺术设计与数字技术的结合体，家用纺织品及其配套设计的设计款式、生产条件和实用功能由其结构和造型决定。通过材料，结构、形态、工艺、色泽和纹理等各种元素在数字技术的应用中达成和谐、统一的效果，由于消费者对美好生活的憧憬和期待被激发，这时设计出的家用纺织产品被赋予了魅力和价值。

2. 注重空间配套的艺术效果

图 4-22 计算机家纺场景模拟

能够充分体现空间环境艺术的软装饰材料属于家用纺织品的范畴，家用纺织品设计的主要出发点是空间配套艺术设计，这是家用纺织品与服饰、产业用纺织品设计及硬质装饰产品的不同之处。家用纺织品的设计重视消费者的情感交融、完美设计的艺术感染以及消费者与空间物体间的亲和力。

3. 注重表现形式及功能

从事家用纺织品设计的设计师们对家用纺织品的设计创作水平和消费者对家用纺织品的满意程度来源于家用纺织品表现形式，而产品的使用功能性同时也是不可忽视的，它是一个产品优良品质的充分体现，家用纺织品是人与室内空间环境的共生物体，这就要求设计师们在追求设计艺术效果的同时必须重视产品功能的开发和数字技术的应用。

（二） 数字技术对家用纺织品及其配套设计的改变

仅仅从设计手段来讲，数字技术作为一种先进的技术工具，它给家用纺织品及其配套设计的图案制作过程带来了革命性的变革。数字化技术用于家用纺织品及其配套图案设计中，以其独特的视觉语言改变了传统设计的方法和过程，数字化设计技术为设计者提供了一种崭新的艺术表现形式和空间。

电脑键盘、鼠标、扫描仪以及其他配件取代了传统的设计绘图工具，颜料和纸张，使得将手工劳动中复杂的劳动得以减轻。设计师可以集中更多的经历去进行设计构思和表现。数字技术的应用由原始的帮助设计师摆脱计算机、图版和提高效率的工具的束缚，发展到集计算、设计、模拟等功能的高效一体化技术，大大提高了所涉及领域的工作状态和现状，成为当今社会所必须具有的设计手段。

（三） 家用纺织品及其配套设计与数字技术的结合理念

数字技术在家用纺织品及其配套设计中的应用，在市场经济为主导地位的当今，消费者的生活质量发生巨大改变，从而改变了消费者的思维方式和审美意识，使人们在空间环境、使用效果、外观等方面受到强烈冲击，同时这种意识也给设计带来了强烈冲击，使设计从以往单一、平面、静态的设计逐渐向现在的多元、多维、静动结合的交互模式，进行转变，让各种艺术表现得到了前所未有的发展。通过使用数字技术设计出来的家用纺织品及其配套产品款式更为新颖，色彩更为靓丽，这种数字表现形式能很好迎合现代人对物质的要求，对扩大市场和刺激消费有着强有力的保障。

正如前面内容中所提到的，家用纺织品及其配套设计的发展并不是单一、片面的，它是在不断地吸取其他相关学科领域的最新研究成果及自我创新来充实、发展自身的。由此而言，家用纺织品及其配套设计的发展与数字技术的发展是相辅相成的，如今的数字技术正在以迅猛的态势进行发展，其发展的成果为家用纺织品及其配套设计在设计手段上的改变提供了技术保证，从而也因此激发了设计师在设计思想、设计观念上的变革，设计师在以新的设计思维观念为前提下有意识的运用数字技术，赋予艺术的手段进行新的设计创造，设计出具有与众不同，充满个性化元素的家用纺织产品来满足于大众。

（四） 家用纺织品及其配套设计与数字技术的辩证关系

家用纺织品及其配套设计在数字技术的技术保障下正在不断地创新同时也在改变着人类的生活方式。生活质量的不断提高、生活方式的不断改变，消费者对于数字技术的发展及创新也提出了更高的要求。由于家用纺织品及其配套设计的不断创新，从而需要更为先进的数字设计技术，因此数字技术的进步也得到了推动和促进。为了使家用纺织品及其配套产品能更好地为消费者的生活服务，这就必须重视艺术与科学密切的相互结合，并且有的放矢的运用和借助科学的智慧和力量。家用纺织品及其配套设计与数字技术的结合，同时也根本的保证了其自身的发展。

数字技术与家用纺织品设计是相互促进、相辅相成的。只有使家用纺织品设计和数字技术两者相结合才能开创一个新世界、为人类营造一种新的生活方式。在人类发展的悠久历史长河中，使设计和技术二者相互结合、形成统一，是社会历史的必然发展。

（五） 家用纺织品及其配套设计中的数字技术

现如今的社会，数字技术已经开始广泛应用于各种产业，在设计领域运用的更为广泛，各种用于设计的软件应用在家用纺织品及其配套设计中，对于家用纺织品及其配套产品来说无疑是成为图案艺术设计中的一件利器。与传统的家用纺织品及其配套设计相比，数字 CAD 中的艺术设计软件表现出了极其强大的应用功能。在设计软件中它不仅有功能上丰富多样的毛笔、喷笔、尺子等各种绘画工具，也有各种各样的混合、合并和蒙板合成等工具，还有各种各样的材质效果，同时还有特殊的滤镜效果工具。应用这些软件工具，它们不仅可以为纺织品图案产品设计出不一样的造型、丰富多彩的色彩效果，又可让设计师通过软件预先看到现实中难以表现的各种虚幻意境，这些超现实的手法，在 PC 机和设计软件的帮助下变得更加简易。

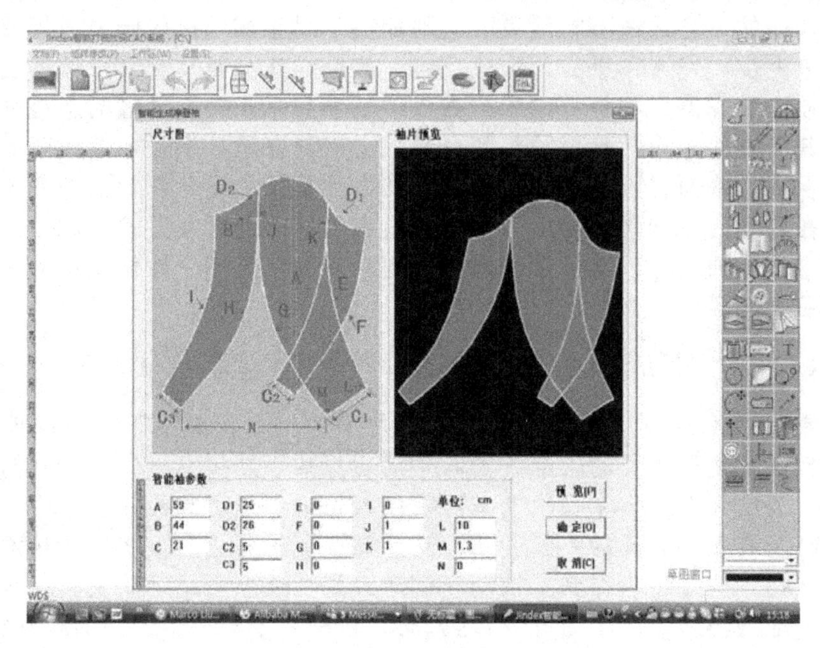

图 4-23 智能打板放码 CAD 系统

现在纺织品的花形图案设计，与设计软件的巧妙应用是分不开的。因为设计师最开始的设计形态是在一个二维平面中表现出来的，它只有进入配套设计时才会接触到三维的立体空间环境，这时就会运用到三维设计软件。因此，如果要能做好纺织品花形图案设计就要设计师能够掌握并且相当娴熟的运用设计软件，只有这样才能将设计师们大脑中的无数设计创意立刻并且精准的表现出来。设计师们不仅要学会软件设计，还必须在提高自身创意能力和表达手段的前提下，能够在家用纺织品及其配套设计中将数字软件的强大功能熟练运用到纺织产品的设计中去，彻底的实现数字技术与家用纺织品及其配套设计的有效结合，来完成既定的创作任务和提高工作效率，设计出更适合消费者使用的家用纺织品。

三、 数字技术对家用纺织品及其配套设计创新性表现

室内纺织品及其配套的设计产品内容、范围广泛，无论是在普通居民住宅、饭店，不论是从商业设施到交通工具，都离不开与其相互适应的配

套产品，这些产品都有着独特的特点和使用功能，在不同的地方发挥着各自的作用。

在各类纺织装饰物中加以现代数字技术，可以丰富织物的表面肌理效果和质感效果，无论是从质地光滑的丝织物品到质地织纹起伏的毛、麻织物产品，还是从质地薄如轻纱的细纱织物产品到表面光泽耀人的金银线织物产品，应用数字技术加工处理后的织物表面内容丰富的效果给消费者带来极大的美感，织物产品表面肌理的表现可以使室内高雅的气氛得以体现，在纹理上有凹凸不平、层次感强、立体感突出的织物产品在适当的光照作用下效果更强，将经过数字技术处理的家用纺织产品配套在室内的其他物体之上，形成一种整体的效果，其整体感官视觉效果表现的更为享受。

数字技术的注入给家用纺织产品工艺设计带来了多种多样的设计手段，使其内容更加丰富，家用纺织品设计中的床上纺织品的种类很多，但是由于产品的装饰地方和使用功能的不一样，因此彼此个性特征明显，下面简要从图形设计、使用功能两个方面介绍数字技术在床品与窗帘设计中的不同运用。

家用纺织产品中的印花床品是纺织产品中常见的一种家用纺织品，床品的图案一般可以呈现多种设计艺术的风格，下面仅以代表工业发达国家的西方和充满东方文化的中国进行风格性的比较，通过数字技术的应用对其图案图形进行不同的编辑处理后可以得到一种是满地花形图案式的西式风格床品。

西式风格床品随着国内外的东西方文化的相互融合，消费者对于室内装饰的美感意识增加，日益得到消费者的追捧和喜爱，西式床品的特点是与一般的印花布料一样是使用四方连续格局。床品的图形在整体的布局上和结构上没有特别的限制，因此较自由、随意，图形均匀的分布在床品上，其配套组合有枕套、靠垫与其搭配，使用数字技术可以使图形的花纹和色彩可以随意变化，变化内容丰富，具有很好的适用性，几何形和花形是西式风格床品常用的图形，给人感觉清新、简单，在色彩上西式风格的床品主要运用了浅色调的淡雅形式，颜色的干净明亮，给人不一样的意趣。

按照中国人的文化传统和审美表现形式的中式风格床品，这种床品在图形安排上常使用“四角一中”的基本格式，即床品中心部位花纹饱满丰富，其形象完美、平稳，另外在床品四周加以纹样点缀，烘托中心纹样，其装饰意味颇强。其配套内容和西式风格床品一样，有枕头和靠垫搭配，在色彩的选择上，中式风格床品多采用色彩明度较高的颜色，使花形纹样更加醒目，立体层次感强，同样在数字技术的加工处理下，可以对床品面料巧妙的运用缕丝、抽纱、经编等技术，使中式风格床品在整体布局上能够做到动静相互结合、相互映衬，使消费者有一种细腻雅致的感觉。

在消费者越来越重视家用纺织品及其配套产品的今天，通过数字技术的运用对家纺的外观图形设计、生产工艺手段等方面有着显著的提高，同时家用纺织产品的在风格上也发生的巨大变化，强调款式的个性化及时尚化、整体的配套化、实用的功能化，当下设计师及生产者必须严格认真的遵循这种良好的发展趋势，妥善处理好数字技术与家用纺织品及其配套设计的相互结合，利用发达的科技成果结合先进的设计工艺手段，设计出满足消费者对生活物质强烈需求的家用纺织产品，提升国际竞争力及品牌效应。

第五节　现代家用纺织品创新设计与发展

在家用纺织品中，决定企业生存和发展的最关键因素是创新，如果家纺企业没有创新，就等同于企业没有发展。我国家用纺织品行业在进行产品研发、创新时必须要做到注意研发理论与生产模式的创新、生产技术的创新和家用纺织品款式、花形设计的创新，要使设计师们能够克服思维定式的束缚，将新的设计理念引入到现有的设计当中。

一、现代家用纺织品设计的创新

（一）家用纺织品设计风格创新

古今中外的室内装饰用纺织品设计如同其他艺术表达形式一样，永远是以审美为创作核心，具体到室内装饰用纺织品上，就是要抓住纺织品设计的不同风格，以适应人们的多元化需求。现今国际流行的纺织品艺术设计风格主要有四大类，它们是古典式、民族式、国际式和观念式。这里主要从突出民族特色的民族式以及强调对人情感带有心理辐射作用的观念式来分析纺织品设计的创新。

1. 民族式纺织品设计

世界各地的民族数量约为2000多个，如此众多的民族必然有着历史、风俗、宗教等的文化差异，各民族的室内装饰品造型风格也早已经历史演进而蜕变为本民族有别于他民族最醒目的形象符号系统，同时也是其民族精神特质的最佳表达方式之一。如今，伴随着全球性文化交流的日趋频繁和旅游观光业的蓬勃发展，各民族间互通有无，取长补短的意识已空前高涨，由此也更显示出了民族文化特色的重要性。有这样良好的社会认同心理做铺垫，从中演绎而来的既是民族的又是世界的室内装饰用纺织品设计定会前景广阔。

2. 观念式纺织品设计

这是一种设计者强调独特性情、标新立异造型倾向的纺织品艺术构成方式。早在 20 世纪 70 年代，在后现代主义思潮的猛烈冲击下，一批藐视清规戒律束缚的艺术家，纷纷投入到用来表达主体与时代精神需要的新形式、新材料、新工艺的设计开拓行列。进入新世纪以来，这类设计随着人类对环境保护和生态平衡意识的不断提高而“行情”走俏。室内装饰用纺织品同样需要有标榜个性的一面，需要有超前意识，需要用创造性的设计手段来引领时尚，满足人们在思想上、审美上的多元化需求。

（二）　家用纺织品设计材质创新

一方面，不同质地面料的拼接。多重质地材质的并置，已成为近年时尚界愈演愈烈的风潮。可以采用相同色调不同质感的多种材质的拼接、混搭，呈现出丰富、强烈的质感对比，营造出无法比拟的趣味性。例如丝绸与羊毛、棉麻、皮革、牛仔面料或混搭或缝合使用，可产生多种不同的材质肌理，呈现出光滑、粗糙、厚实、透明等质感。如在某些靠垫与枕头的设计中，会将麻与丝绸相结合，这便是一种创新的尝试。还可从 2005 年杭州西湖博览会上展示的几款西方国家设计师带来的丝绸服饰上找到灵感，他们将珍珠、花饰与丝绸搭配，形成了一种华丽中有典雅，高贵中有妩媚的氛围。另一方面，根据季节设计不同材质的纺织面料应用。如炎热夏季，可以选用冷色调轻薄的丝织品来设计，给人以一种干爽清凉的感觉；寒冷冬季，可以选用暖色调厚重的纺织品装饰室内环境，营造出温暖如春的氛围。

（三）　家用纺织品设计图案创新

目前大部分的装饰用纺织品的图案设计，都停留在二维平面空间，做一般的图案排列、色彩搭配的工作，而没有意识或者没有考虑到设计的三维空间艺术效果，即缺少对三维空间的展开效果的思考。作为属于室内空间环境的纺织品设计，要从全局角度来考虑图案造型、构成与主色调在空间上的相互协调关系。

首先，图案造型与装饰风格要协调统一。不同的室内装饰风格，要用有特定象征意义的图案来表现，所以设计纺织品，首先需确定与整体风格相应的图案基本形，作简或作繁的图案群化处理，使之丰富、变化而统一，形成一个能统率全局的主要形态、主体纹样。当这种群化了的装饰图案在色彩与形式上作相应的表现反复出现于空间时，就形成了协调统一的装饰风格。

其次，图案构成与空间装饰要协调统一。纺织品的构成要满足不同室内空间装饰功能的需求，恰到好处地达到空间装饰效果。在确定了一个环境的装饰主题后，可根据空间的特点在装饰排列上作变化，或聚散、或纵横、或虚实，通过形的渐大渐小、递增递减的排列，产生连续渐变、起伏交错的各种韵律，形成变化又不失统一的空间装饰效果，表现出整体的气势。

再次，图案主色调与整体空间主色调要统一。在空间主色调统率下，基于造型系列化及装饰面积的需要，将织物配套成几组系列的邻近色与对比色的不同组合，使各类室内装饰品的色彩在色相、明度、纯度上变化和呼应，最终在空间混合中达到统一。

（四） 家用纺织品设计色彩创新

色彩是室内空间装饰的基本元素之一，是贯穿于整个空间设计理念的表现手段，色彩的存在离不开具体的物体。纺织品作为室内空间环境中的元素，必须将它的色彩选择与室内空间环境结合设计。

1. 重视和运用色彩传递的心理感受

勒·柯布西耶曾说过，色彩不是用来描绘什么，而是用来唤起某种感受。正如印象派画家所推崇的以色彩唤起观者的感受和共鸣一样。从这一意义上来说，若能恰到好处地运用室内装饰用纺织品的色彩，不仅可以体现室内空间环境的风格特征，而且还能够传递更多的意义和信息。如在某些设计中，蓝色和白色用来唤起人们对天空和大海的感受，而绿色代表森林和草原；冷色调与高彩度暗示活泼明快和幼稚；餐厅中运用暖色调的纺织品装饰空间和桌面餐具可以使人们对事物进行联想以及产生食欲等。

2. 纺织品与空间环境的色彩配置

通常形态较简单的室内空间可采用多种或较“激烈”的织物色彩来增

加空间的整体表现力，但原本形态较复杂的室内空间则应采用单一或纯净的织物色彩，这样既不破坏空间的整体性又可以在统一中体现动静的对比。具体来说，纺织品与空间环境的色彩配置上可以进行同类色、邻近色、对比色的运用。同类色、邻近色空间环境中挂帷隔断、床上用品、地毯壁饰等大面积的织物色彩必须在给定环境的整体色调的同类色和邻近色中选择，只有在明度、彩度、冷暖色上适当加以变化和调节，在材料肌理、质地、照明光影上做文章。采用对比色是较为活泼的手法，小面积的陈设品，如纺织靠垫、丝织挂画、桌面饰品等运用空间环境整体色调的对比色会起到画龙点睛、锦上添花的作用。

（五） 家用纺织品设计工艺创新

古往今来，人类在进行纺织品的制作过程中，因创作意向和使用功能的不同，创建了多姿多彩的手法，如手绘、蜡染、扎染、缂丝等。我们不但要继承优秀的传统手法，还要跳出以平面加工为主的手法，以另一种更为立体、更具有视觉冲击力的面料二次加工手法，来赋予装饰用纺织品以新的生命。

（1）将原有的纺织面料通过有意的裁剪、拼合，并加以线缝、填塞、折皱、编织等多样的手法进行加工，同时，根据被设计装饰品的空间因素、文化背景等配以相应的图形、装饰花边予以丰富，要求达到 2.5 维的半立体效果，主要表现为突出的缝合物所形成的特殊肌理和图形效果给人的立体的视觉享受。其中有将未加捻的丝线、人造纤维等直接暴露在装饰品实物外，通过加工制作成各种几何形作为装饰的；有把棉线、棉絮等天然织物作为填塞物包裹在纺织面料之中，形成早已设计好的各式造型的。这种方式不仅保持了纺织面料原有的柔软质地，又使物品拥有了软雕塑般的欣赏价值，改变了纺织品一贯的平面装饰手法，视觉冲击力强，迎合了人们在传统的装饰织物中寻求全新视觉享受的需求。

（2）在原有的装饰用纺织品上进行贴、挂、吊、绣、钉、粘合、热压、植绒等手法，形成具有特殊美感的面料。如刺绣方式可以使用线带绣、珠片绣、贴布绣等手法，选用不同材料的毛线、木珠、贝壳片及皮、毛等运用在装饰织物上；也可以对现有的纺织面料表面进行破坏，使其具有无规律或不完整的表面特征，采用的手法有镂空、剪切、抽丝、烂花、磨洗、撕破等，使材质呈现空透的美或不完整的残缺美。

我们应重视将先进的科技与装饰艺术相结合，以弥补纺织品的某些弱点，更好地适应人们的日常需求。如研发耐脏耐磨的装饰织物用于沙发、枕套及椅搭；选用抗紫外线且私密性强的装饰织物用于窗帘和幔帐；设计抗污性强的装饰织物用于天棚和墙面；选用剔透的阻燃装饰织物用于灯罩面料；选用抗油、便洗的砂洗装饰面料用于餐桌、餐具等。一旦这些不仅别具工艺装饰美感而且实用性强的纺织品被纳入到给定的室内空间环境中去，并与其他室内构成要素交相辉映时，必然使人们的审美趣味和实用需求得到最大程度的和谐满足。

二、 现代家用纺织品设计发展趋势

21世纪初，巨大的家用纺织品市场给纺织行业注入了生机。家用纺织品概念也因此得到了最大限度的扩充和丰富。家用纺织品设计产品承载着社会文化内在与外在的相关因素，反映着特定时空下人们的生活方式、价值观念和文化心理等不同层面的内容；同时，设计也为人们的物质产品选择、审美心理和审美文化的形成提供了物质前提。所以，家用纺织品设计的质量和水平是影响大众审美表现的基础性要素。

（一） 现代家用纺织品设计现状

在我国，家纺业是在传统的装饰布行业基础上发展起来的新兴产业。在西方发达国家，服装、家纺及产业用三大纺织品的消费约各占1/3，美国和一些发达国家占40%左右，而中国三大纺织品结构为68∶22∶10，产品档次较低。随着中国逐渐融入国际家纺市场，在激烈的竞争中，我国家纺产品设计所暴露出的不足也越来越明显，家纺的实用性功能已经不再是它存在的唯一目的，人们更多要求家用纺织品满足人们视觉和心理上的享受，并将纺织品看作是一种生活方式的体现。所以，对于家纺行业，竞争不仅仅是价格上的比拼，而重要的是品牌和产品档次的提升，设计便是其中的重点。目前国内家纺设计存在着严重的复制现象，设计水平与欧洲、美国和日本的差距较大。现代家纺设计在我国起步较晚，水平较低，所以如何使家纺设计尽快适应迅速发展的我国家纺行业，一直是学者们研究的重点问题之一。

当今社会消费者对家用纺织产品的需求已经由注重对美化环境、陶冶情操和生态环保的追求取代了原来的注重实用性。虽然我国的家用纺织品的产量每年正在逐步递增，但是自主创新技术及品牌效益等问题也不容设计师和生产者忽视，未来的家用纺织产品在创新和品牌方面给予重视，相信我国的家用纺织品产业的发展和进步会有极大的提升空间。下面就目前我国的家用纺织品产业现状进行分析。

（1）市场对于家用纺织品的需求逐步扩大化。在我国，20 世纪初，家用纺织品工业开始起步，历经百年的技术交替、市场变更、产业调整等阶段，直至目前在产业的提升、国际化进程及基础建设方面都有了巨大的突破和发展，此时的家用纺织品产业因其增长速度之快，已经成为纺织产业中的支柱产业，纵然如此但其发展的空间依然很大。在其发展的同时还必须重视两个方面的因素：一方面要重视家用纺织、服用纺织、产业用纺织等三大纺织产业的结构调整，另一方面要重视增加出口空间及增强国际竞争力。

（2）生产装备落后、产品设计人员匮乏、创新能力不强。由于我国的纺织品行业起步较晚，因此对于纺织品产业相关的技术、装备、人员以及创新技术相对来说比较薄弱，鉴于目前我国家用纺织品行业成为纺织产业中的支柱产业、发展空间较大，许多纺织企业均纷纷改变本身的生产模式转由家用纺织品的生产。但是由于转型的纺织品企业的生产技术和生产装备的落后，使得生产结构与市场需求的相互不适应，功能低、实用性能差的产品生产泛滥，没有高技术产品的产出，导致生产出来的产品质地一般，再加上有些企业为了提升本企业的经济从而产生了恶性竞争，如此一来将家用纺织品行业的发展推向了“瓶颈”。

因此，要想使家用纺织品行业有一个健康向上的发展空间，生产企业必须要在高技术、装备水平的提升上，纺织产品结构的改善上，市场竞争力的增强上等方面下工夫。在硬件设施的完善上软件的进步也有着同等的重要性，家用纺织品行业的设计人员缺乏加上没有强大的创新能力，同时也是不能满足家用纺织品行业发展的需求，企业没有科学的创新能力，设计师没有先进的设计理念等弊端使得我国的家用纺织品产品在家用纺织品图案的设计上、产出产品的后期处理上、实用性能上及科学环保等方面与国际家用纺织品企业有着相当大的差距。

（二）　现代家用纺织品设计与时尚文化

文化的形成是各种因素交织在一起的合力结果。设计是文化的载体，设计文化的形成、发展和演变始终伴随着人类文明和文化的进步历程。大众文化是特定范畴，主要是指兴起于当代都市的、与当代大工业密切相关的、以全球化的现代传媒为介质，大批量生产的当代文化形态，处于消费时代或准消费时代的，由消费意识形态来筹划、引导大众的采取时尚化运作方式的当代文化消费形态。时尚文化是在大众文化繁荣发展的基础上出现的，时尚文化主要包括消费类、休闲类和具有针对性的报纸、电视广告等。时尚文化是现代生活和现代文化不可或缺的部分。

家用纺织品设计已经从最初的功能性走向多元化，趋于将功能、形式、时尚、科技等融为一体的产品设计。众所周知，我们不可能完全脱离其他国家而独立存在。家用纺织品也是一样，“闭门造车”不可能成就伟大的设计作品，我们需要吸取优秀家用纺织品品牌产品设计的精华，包括色彩、纹样、款式、材质及其相互搭配等，需要将学习后的原创理念运用在家纺产品设计中。

无论在图案色彩、造型款式或材质工艺上，家用纺织品设计只有跟上了时尚的脚步，与时尚文化相结合，才能被更广泛的消费群体接受，也才会有更广阔的发展空间。

（三） 现代家用纺织品设计发展趋势

家用纺织品是我们生活方式的一种宣扬，对家用纺织品的选择表明了自己所倡导的一种生活方式。人们对家用纺织品看法的转变，使得家用纺织品朝着更为舒适、美观、大方、人性化的精神层面发展。

1. 由现有的单调功能向多功能的转变

在以市场经济体制为主导地位的当今，随着社会经济的不断增长、消费者的生活水平及生活质量的提高和健康、环保意识的增强，大多数人们对家用纺织产品的要求和需求同时也越来越高，家用纺织产品的创新开发也由功能与美观并重取代了原来只重视外表的美观性、装饰性。国内家用纺织品设计必须打破科学领域的界定，陈旧的设计思维和理念，打破纺织行业领域的界定，进行学科交叉。树立正确、科学的家用纺织品创新思维，让家用纺织产品在功能应用方面彻底的改变，才能有利于卫生、环保、健康的复合型功能性家用纺织产品的创新开发。这里提到的家用纺织产品复合型功能性的功能有两个方面：一方面是指具有实用、美学功能；另一方面同时具有家用纺织产品的特殊功能，比如卫生化功能、安全化功能、人性化功能、智能化功等，这类家用纺织产品有着极高的科技含量。

2. 体现新时代的民族性和风格多元化

我国市场上的家用纺织品较为大众单一，缺少鲜明的个性，产品的卖点往往集中于色彩等单一元素上，并且多数在模仿并迎合国际市场，做出了很多仿国际品牌的图案、花色等，这些仿制的特色在我国市场上尚显得弱小，更何谈进军国际市场。这种失去民族特色的家纺产品设计，不得不引起我们的深思。国外知名企业的家纺产品将其品牌形象和东方元素应用到产品中，并随处可见，而中国很多家纺企业在产品设计时却舍近求远，设计中多吸取西方的图案色彩，而放弃了中国传统特色元素，这对于中国家用纺织品品牌的设计是一个非常大的损失。

中华民族文化博大精深，我们生活在这种文化中，对传统的文化有完全的包容性，中国文化对国内国外市场有着巨大吸引力。时尚与传统共存，家用纺织品的设计体现民族性必须要与时代和时尚紧密结合，集时尚与传统、特点与特色、美观与舒适为一体，才能真正发挥其特有的生命力。家纺设计中，以传统为基础，创新为主线，舒适、美观、高品质为目的，把镶、嵌、滚、盘、手工印染、刺绣、编织、织棉等工艺的高品味、高美观度应用到产品中，把传统的剪纸、京剧脸谱等文化应用到产品中，同时设计师要及时掌握国际潮流趋势，跟上国际时尚的脚步，让时尚与民族共存，做高档次的民族特色家纺产品。只有这样，才能被更广泛的消费群体所接受。

不同的家纺品牌都有着自己的独特的品牌理念，同时每个品牌又都具有自己独特设计风格，带给消费者不同的生活理念。不同的消费者的情趣、爱好等等各不相同，由此，家用纺织品的设计风格也呈现出多元化的发展趋势。纵观目前市场上的家纺产品，不论从面料、色彩还是图案上都表现出多样化的风格。目前，简洁明快、回归自然的家纺产品风格是市场的主导地位。在这个主导主题的前提下，家纺产品设计风格的多元化发展主要从以下几个方面来体现。

（1）中国传统民族元素纯设计风格。中国传统元素是指中华民族所特有的元素，其广阔的根基在于深邃博大的中国传统文化，是设计师应该继承和发扬的元素。纯中式风格家纺，顾名思义即为单纯地利用中国传统元素，将其直接运用到家纺产品的设计，主要表现在图案和色彩两大方面。

中国传统民族元素中，传统图案作为传统文化的重要组成部分，不仅具有深厚的文化内涵，且在形式上是极其多变的。有表现福瑞吉祥的，如石榴、莲花、如意；有表现人格情操的，如梅、兰、竹、菊、松等；有富有宗教礼制意义的，如古代帝王服饰上的十二章纹样；有表明等级的，如龙凤等纹样。

色彩作为设计师与消费者产生审美共鸣的主要方式之一，在现代家用纺织品设计中扮演着十分重要的角色。中国传统的色彩主要包括帝王皇室专用的富丽堂皇的红黄颜色、和谐的青花颜色、大红大绿大紫的民间色彩等。红色是中国人民十分喜爱的色彩，有“中国红”之称，无论是在时装领域还是在家纺领域都颇受设计师们的喜爱。如青花色彩在家用纺织品上的运用，青花瓷器对于中西方人来说都是并不陌生的，自古就享誉海内外。

青蓝色与中国人的肤色极其的和谐，会使得中国人的黄色皮肤清明、透亮。传统纹样和传统色彩都展现了中国的文化和历史，对弘扬中国民族文化起着非常重要的作用。然而中国传统民族元素纯设计风格是仅仅对于中国传统元素的单一或混合拼合应用，时尚感较弱，缺乏民族元素与时尚的结合点，是老年一辈人所喜好的设计风格。

（2）民族传统元素与时尚的结合风格。纯中式风格家纺，很多时候不太适合当代年轻人对于审美的需求，对民族元素的照搬照用也不符合现代社会发展的需求。传统的中华民族元素，如牡丹、青花、龙凤、书法等纹样，和谐的中国红，旗袍、中山装、龙袍马褂等中式服装样式，变化的细节镶嵌、滚、刺绣、扎染和蜡染等工艺，丝绸、麻等传统面料等，都在现代市场经济中显得有些苍白无力。诸葛铠先生在《适者生存：中国传统手工艺的蜕变与再生》一文中提出了再生的3种途径：一是形式与思想内涵的分离与移植，给旧形式注入新的内容或是新形式表现古老的思想；二是形式与技艺的分离与移植；三是形式与实用性的分离与移植。所以，在现代社会中，家纺产品设计必须产生各种形式的蜕变。

家纺设计中，设计师需要中华民族传统元素用现代的审美意识加以改造并进行创新的再创造，使之与现代的生活的环境和人们的生活方式相适应，并且通过镶、嵌、编织、织锦等丰富的工艺手法进行装饰，给人以多维度的视觉和触觉的肌理感受；通过印染、手绘、刺绣等表现手法进行装饰，赋予家纺产品更多的情感化和人性化的内容，给予消费者更多的人文关怀。

3. 体现科技与时尚

创新精神已成为了家纺产品设计的主流思想，从时尚元素中寻找设计创新，家纺设计中的时尚“本质”就是创新、流行和美好。家纺产品的卖点主要在于科技性和时尚性的相互融合。融入高科技的时尚家纺产品，关注人们生活需求的各个方面，尤其是消费者的健康方面。如我们目前见到的一些综合了部分科技因素的家纺产品，既具有天然纤维（棉、毛、丝、麻）的舒适性、透气性及合成纤维不易起皱、收缩变形的特点，同时又具有抗菌、防臭、防静电等一定的保健功能。如江苏阳光集团开发的产品，将羊毛与纳米银纤维抗菌长丝交织，使产品在多种外部条件下免受细菌伤害，可以促进人体血液循环，同时还具有抗紫外线辐射的功能。而江苏堂皇集团研发的ＮＢ素系列保健床品，从多种天然物质中提取的微量元素，采用特种工艺与全棉纤维结合，在体温下能辐射人体需要的能量波，是针对中老年人开发的功能性产品，都成为消费者所关注的热点。

家纺产品在选择图案、色彩、款式符合消费者对时尚的要求的同时，材料是否天然健康，是大家愈来愈关注的问题。无论是普通的被套还是沙发面料、窗帘装饰布和卫浴巾类等领域，具有防尘、阻燃、抗菌、吸湿、防臭等功能性的家用纺织品倍受消费者关注。所以，家纺产品设计中时尚与科技的相互融合是家纺企业引领时尚与潮流并最终占有市场的关键因素之一。

家用纺织品的造型、色彩、图案、肌理等内容作为视觉形式的直接元素，影响着人们的审美选择，以美的外形、结构和特有的色彩向大众传播信息，刺激消费者的审美需求，并努力促使这种需求转变为消费需要。在家纺设计中，弘扬中华传统文化艺术，发掘科学技术潜力，敏锐于世界时尚文化，将时尚与传统、时尚与科技有机地结合起来，已成为家用纺织品设计的重点所在，同时加强家纺产品的品位和品质，也将是迅猛发展的现代社会赋予设计师的社会责任。

4. 设计生产的数字化与智能化

传统图案与色彩设计基本都是手工操作完成，图案与色彩的设计往往费时费力。随着科技的发展，在现代纺织新产品设计中出现了一种科学、先进、高效的设计手段，它就是纺织品计算机辅助设计(CAD)技术，同时伴随着智能设计系统如 CAM、EPR 管理系统等设备的出现，可以帮助设计师更好、更快速的完成设计和管理工作，方便修改并有大量时间结余，更有利于设计师创作灵感的激发。目前，设计生产的数字化和智能化已经将各个环节连接在一起，更有利于开发周期的缩短，提高家纺产品的质量，降低产品的成本，更好的满足消费者。

5. 体现生态、健康、环保型发展方向

当今社会人们越来越重视对自身健康方面的要求，无论是从“衣、食、住、行”中的哪个方面都现有极高的关注度，饮食上人们倡导“绿色食品”，消费上人们倡导“绿色消费”、产品上人们同时也倡导“绿色产品”，与其同时在国际纺织界也早已掀起了绿色消费、绿色产品的浪潮，进入 21 世纪，人类可持续发展的主题可以归纳为健康和环保，因此人们对家用纺织产品在使用、生产和穿着上的安全性，向设计师和生产者提出了更高的要求。由此看来消费者已经开始重视和关注家纺产品对人类的健康和对环境保护的必要性和重要性，在这种情况下，出现了家用纺织产品走向国际

的阻碍，特别是欧盟制定了纺织品进入欧盟的技术标准环保绿色标准，导致我国的家用纺织产品出口受到极大的限制，从另外一方面进行理解，我国要反限制，反限制的核心就是提升产品的技术质量，在限制中提升科技进步，把握这种严峻的考验也是我国家用纺织产品扩大国际市场份额及国际市场占有率的最有效途径之一。就目前状况而言，我国家用纺织产品行业发展的当务之急就是开发创新生态纺织品，以适应国际消费的趋势。

6. 强化家纺品牌策略，以品牌主导市场

产品品牌是一个企业的重中之重，它是整个企业的形象，由于起步较晚、发展较慢等诸多因素的制约，我国家用纺织产品企业的品牌意识还比较淡薄，在创新开发、广告投入、企业宣传等方面与国外企业有着很大的差距，产品缺乏竞争力。因此，我国的家用纺织产品企业在进行产品创新开发时必须重视品牌运作，努力创造、培育、宣传、保护以及发展品牌，打造在各方面能够经过市场考验的名牌产品，充分发挥品牌效应。

参考文献

[1] 李波.家用纺织品艺术设计[M].北京：中国纺织出版社,2012.
[2] 陈琏年.色彩设计[M].重庆：西南师范大学出版社,2001.
[3] 周建国.色彩设计[M].北京：龙门书局,2013.
[4] 孙建国.纺织品图案设计赏析[M].北京：化学工业出版社,2013.
[5] 亚历克斯·罗素.纺织品印花图案设计[M].程悦杰,高琪译.北京：中国纺织出版社,2015.
[6] 杜群.家用纺织品织物设计与应用[M].北京：中国纺织出版社,2009.
[7] 徐百佳.纺织品图案设计[M].北京：中国纺织出版社,2009.
[8] 王福文,牟云生.家用纺织品图案设计与应用[M].北京：中国纺织出版社,2008.
[9] 姜淑媛.家用纺织品设计与市场开发[M].北京:中国纺织出版社,2007.
[10] 张建辉,王福文.家用纺织品图案设计与应用[M].北京：中国纺织出版社,2015.
[11] 纺织行业职业技能鉴定指导中心,中国家用纺织品行业协会.高级家用纺织品设计师[M].北京：中国纺织出版社,2012.
[12] 唐宇冰,汤橡.家用纺织品配套设计[M].北京：北京大学出版社,2011.
[13] 白玉林,白津,张锦声.纺织品装饰艺术[M].沈阳：辽宁科学技术出版社,1994.
[14] 沈干.纺织品设计实用技术[M].上海：东华大学出版社,2009.
[15] 荆妙蕾.纺织品色彩设计[M].北京：中国纺织出版社,2004.
[16] 沈干.丝绸产品设计[M].北京：纺织工业出版社,1991.
[17] 崔唯.现代室内纺织品艺术设计[M].北京：中国纺织出版社,1999.
[18] 史启新.装饰图案[M].合肥：安徽美术出版社,2003.
[19] 龚建培.现代家用纺织品的设计与开发[M].北京：中纺音像出版社,2004.
[20] 黄国松.染织图案设计[M].上海：上海人民出版社,2005.
[21] 柒万里.图案设计[M].南宁：广西美术出版社,2005.
[22] 龚建培.现代家用纺织品的设计与开发[M].北京：中国纺织出版社,2004.
[23] 黄国松.染织图案设计[M].上海：上海人民美术出版社,2005.
[24] 聂跃华.自然•想象•设计[M].沈阳：辽宁美术出版社,1997.
[25] 黄国松,朱春华,曹义俊.纺织品图案设计基础[M].北京：纺织工业出版社,1990.
[26] 庄子平.美术设计解误法[M].沈阳：辽宁美术出版社,2000.
[27] 崔唯等.纺织品艺术设计[M].北京：中国纺织出版社,2004.

[28] 张玉祥.色彩构成[M].北京：中国轻工业出版社,2001.

[29] 潘云.家用纺织品(寝具)的图案设计研究[D].安徽工程大学,2012.

[30] 秦臻.当代家用纺织品图案时尚化研究[D].北京服装学院,2012.

[31] 温润.流行色在现代家用纺织品中的应用研究[D].苏州大学,2007.

[32] 韩霜.数字技术在家用纺织品及其配套设计中的应用研究[D].武汉纺织大学,2012.

[33] 黄国松.纺织品色彩的美学原理[J].丝绸,2010(7).

[34] 陈峰.纺织品在室内空间设计中的应用[J].艺术与设计,2014(8).

[35] 苏淼.纺织品在现代室内空间环境中的应用初探[J].丝绸,2006(7).

[36] 李建亮.论家用纺织品的色彩设计[J].现代装饰理论,2013(2).

[37] 徐颖,王瑞.中国家用纺织品设计的现状与发展趋势[J].纺织科技进展,2013(2).

[38] 郭中超.浅谈未来家用纺织品设计的发展趋势[J].山东纺织经济,2010(3).